ANTIQUITÉS
EN FER ET EN BRONZE

LEUR TRANSFORMATION

DANS LA TERRE CONTENANT
DE L'ACIDE CARBONIQUE ET DES CHLORURES

ET LEUR CONSERVATION

PAR

G. A. ROSENBERG

COPENHAGUE

GYLDENDALSKE BOGHANDELS
SORTIMENT

1917

ANTIQUITÉS EN FER ET EN BRONZE

TRADUIT AVEC LA COLLABORATION DE L'AUTEUR PAR
MME A. HUSSON

———

TOUS DROITS RÉSERVÉS POUR TOUS PAYS

IMPRIMERIE H. H. THIELE

TABLE DES MATIÈRES

ANTIQUITES EN FER

LES ANCIENNES MÉTHODES
DE CONSERVATION

———

De tous les objets de différents genres et de différentes matières, souvenirs des temps préhistoriques qui ont été trouvés et qu'on continue à trouver, ceux en fer sont encore les plus difficiles à conserver malgré tous les soins qu'on en prend.

La difficulté de conserver les antiquités en fer était autrefois attribuée exclusivement à l'influence de l'atmosphère, et on en avait naturellement conclu que ces objets pourraient se conserver si l'on remplissait les pores de la couche de rouille avec une matière qui se durcisse. Mais on ne tarda pas à constater que l'imprégnation n'était pas un moyen infaillible pour assurer la conservation des antiquités; certains phénomènes dans la formation de la rouille amenèrent alors à penser que cette difficulté devait avoir une autre cause, et que cette cause devait être cherchée à l'intérieur même des objets[1].

La présence de combinaisons du fer avec du chlore ayant été constatée dans des objets qui ne s'étaient pas conservés, on reconnut que pour les conserver il fallait en enlever ces combinaisons. C'était faire un grand pas vers le traitement rationnel des antiquités. Etant donné que les chlorures normaux du fer sont facilement solubles dans l'eau, on pensa qu'un moyen sûr pour arriver à obtenir la con-

———

[1] Konservator *Krause*, Berlin: Verhandl. d. Berl. Anthropol. Ges. 1882, p. 533.

1

servation de ces objets, était de procéder tout simplement à un lavage. Ce lavage se ferait en mettant l'objet dans de l'eau qu'on renouvellerait jusqu'à ce que l'analyse volumétrique fît constater que l'eau ne contenait plus ou presque plus de chlorures. Sur la méthode Krause, Fr. Rathgen[1] écrit: «On peut encore contrôler le lavage en ajoutant une solution de nitrate d'argent; si l'eau reste limpide ou *à peu prés*, le lavage peut être considéré comme terminé. Le lavage durera plus ou moins longtemps selon l'épaisseur et la porosité de la couche de rouille et les fissures qui s'y trouvent; pour de gros objets le lavage peut durer plusieurs semaines».

On a aussi cherché à assurer par un autre moyen la conservation des antiquités en fer; ce moyen est le décapage qui, tout en nettoyant l'objet, le débarrasse en même temps des matières corrosives. Pour ce décapage, le meilleur procédé à employer est l'électrolyse, — l'hydrogène dégagé n'attaquant pas le métal. On opère en utilisant, soit une source de courant extérieur (méthode Finkener), soit un élément galvanique dans lequel la cathode est formée simplement par les objets mêmes, tandis qu'un métal plus électropositif forme l'anode (méthode Krefting).

Pendant quatorze ans, à partir de 1898, les antiquités en fer du Musée National ont été traitées d'après ces méthodes. Par suite de la nature même des choses, la méthode électrolytique n'a toutefois été employée qu'exceptionnellement. En effet, les antiquités danoises en fer trouvées dans la terre et datant des temps préhistoriques (c. à. d., avant l'an mille environ de notre ère), n'étaient que dans très peu de cas assez bien conservées au moment de leur découverte, pour que la couche de rouille qui les recouvrait ait pu en être enlevée sans que les objets en souffrissent trop.

---

[1] Handbücher der Königlichen Museen zu Berlin *Die Konservirung von Alterthumsfunden*, Berlin, 1898, p. 79.

Méthode du lavage

La plus grande partie des antiquités en fer du Musée National a donc été lavée. Pour ces lavages, on s'est servi de quatre récipients en fer galvanisé, de formes et de grandeurs différentes, et ayant une capacité de 45 à 145 litres. Les objets à laver, qu'on avait entourés d'un réseau en fil de fer étamé, ont été placés sur des plaques percées de trous, de manière à ce que l'eau les dépasse. Pendant les six premières années, on s'est servi au début de l'eau de la Ville de Copenhague, on a ensuite continué avec de l'eau distillée. Les dernières années, on s'est servi exclusivement d'eau distillée, qu'on a pu avoir abondamment à disposition. En général, l'eau n'a été additionnée d'aucuns réactifs.

On a fait bouillir chaque eau de lavage à l'aide d'un courant de vapeur, et on l'a maintenue bouillante pendant deux heures. On a ordinairement traité vingt à trente objets à la fois, mais leur nombre en a du reste été réglé d'après leur grandeur et leur espèce. On a parfois lavé à part une grosse pièce; une autre fois, on a lavé dans la même cuve jusqu'à quatre-vingts petits objets trouvés au même endroit. Avant de procéder au lavage, on a percé autant d'ampoules de rouille qu'on a pu, sans trop affaiblir ou déformer les objets.

Pour commencer on a généralement renouvelé l'eau tous les jours ou tous les deux jours, ensuite deux fois par semaine; plus tard une fois par semaine, et pour la dernière fois, après un intervalle de quinze jours. De chaque eau, on a prélevé dans le fond des récipients un échantillon de 100^{cc} pour en contrôler par titrage la teneur en chlorures au moyen d'une solution normale à $1/10$ de nitrate d'argent. Les résultats de ces essais ont été consignés dès le commencement des opérations dans un journal où sont également ment inscrits les numéros qui classent au Musée les objets lavés. Aussi ce journal n'est-il pas sans fournir des matériaux précieux pour l'appréciation de la méthode suivie pour ces lavages.

Le lavage terminé, les objets, superficiellement essuyés, ont été immédiatement mis dans de la paraffine ayant son point de fusion à 56° C chauffée jusque vers 110° à 125° C pendant huit à vingt quatre heures. Après quoi, on l'a ramenée à 80° C, puis on en a retiré les objets.

Du journal nous extrayons entr'autres ce qui suit: Au cours des quatorze années écoulées, on a lavé environ 1400 antiquités en fer provenant du Danemark et qui n'avaient pas encore été traitées. De ces 1400 objets, 129 ont été lavés en 1899, 91 en 1900, 96 en 1901, 125 en 1902, 83 en 1903, 128 en 1904, 117 en 1905, 142 en 1906, 215 en 1907, 57 en 1908, 50 en 1909, et 113 en 1910. En 1898, on a lavé des objets provenant d'une même trouvaille, et qui avaient été imprégnés de vernis d'huile de lin sans lavage préalable. La plupart de ces objets ne s'étant pas maintenus, on a dû les traiter à nouveau. Ils ont alors été chauffés au rouge, lentement, sur un feu de charbon de bois; mais à ce chauffage la rouille s'est fendue, elle s'est désagrégée en grande partie, et n'a pu être replacée sur l'objet.

Le chauffage au rouge des objets en fer à noyaux métalliques a été autrefois recommandé de divers côtés comme moyen, soit de les débarrasser d'anciennes matières imprégnantes, d'une part, et, d'autre part, de supprimer la rouille.

Pour connaître les résultats obtenus par la méthode décrite plus haut, pour savoir combien d'objets se sont maintenus intacts, et combien ne se sont pas maintenus, le plus rationnel serait de s'arrêter à l'année 1908, car il faut bien compter quelques années comme délai raisonnable pour que, si la rouille devait se reformer, les traces en soient tellement fortes qu'elles deviennent visibles à la surface des objets.

Parmi ceux qui ont été traités à nouveau, 23 l'avaient été en 1899, 13 en 1900, 6 en 1901, 7 en 1902, 3 en

1903, 1 en 1904, 18 en 1905, 1 en 1906, 4 en 1907, et 8 en 1908.

Sur les 1183 objets traités pendant la période allant de 1899 à 1908, 85 ont dû être traités à nouveau après un espace de temps plus ou moins long. Quelques-uns ont déjà laissé voir après quelques mois qu'ils ne se maintiendraient pas, d'autres se sont maintenus pendant dix ans. On devra toutefois compter que plus de quatre vingt cinq objets ne se sont pas conservés. Il peut se faire que des objets attaqués par la rouille aient échappé à notre attention, et, d'un autre côté, il se peut aussi qu'il y en ait eu où les traces de rouille étaient si faibles, qu'il nous a paru plus sûr d'attendre encore avant de procéder à l'enlèvement de la paraffine et de renouveler le lavage. En évaluant à dix pour cent environ le nombre des objets ne s'étant pas maintenus, on ne s'éloigne pas, croyons-nous, du chiffre exact.

Il est facile de comprendre que le fait de constater qu'une partie des objets traités ne se sont pas maintenus au cours du temps a tout naturellement amené à croire que l'on devrait peut-être apporter plus de soin encore dans l'une ou l'autre partie du traitement. C'est ainsi que pour un lavage, afin que l'eau puisse pénétrer le plus facilement possible jusqu'à l'intérieur de l'objet, on a essayé de percer toutes les ampoules qui se trouvaient dans la rouille, même les plus petites. Comme nous l'avons déjà dit, l'eau de la Ville de Copenhague, qui par elle-même contient passablement de chlorures, a été remplacée pour ces lavages par de l'eau distillée en abondante quantité. Chaque eau a été maintenue en ébullition pendant plusieurs heures après que les objets y ont été plongés, et de nouveau plusieurs heures avant de la renouveler. Aussitôt l'eau en ébullition, on a placé sur le récipient un couvercle fermant bien, afin d'empêcher tout accès d'air et de lumière. A titre d'expérience, on a continué le lavage au delà du temps qu'on y met dans la pratique, parce que, dans la pratique, le fait que la rouille continue à se former sur les objets qui se trouvent dans de l'eau aérée non additionnée de matières chimiques, met une limite à la durée du lavage.

Voulant avoir la certitude que toute humidité non-liée chimiquement au fer, même celle qui, au cours du lavage, aurait pu pénétrer dans des cavités presque hermétiquement fermées, avait disparu sous forme de vapeur, on a fait durer jusqu'à quarante heures l'imprégnation à l'aide de paraffine fondue. Mais ce procédé n'a jamais donné que des résultats peu sûrs, bien que le nombre des objets qui ne se sont pas maintenus paraisse avoir diminué depuis les expériences des premières années à celles des dernières : car, une des causes de cette diminution est en partie due à la circonstance qu'il ne s'est pas encore écoulé suffisamment de temps depuis les derniers traitements, et conséquemment on peut s'attendre à ce qu'il se produise de nouvelles attaques de rouille sur quelques-uns des objets traités les dernières années. On trouvera en outre à la page 32 une autre cause de cette diminution.

A titre d'exemple nous mentionnerons ici un des lavages de la première année et un autre de la dernière où les objets lavés ne se sont pas tous maintenus.

En 1899, on a procédé au lavage en une fois de trente-et-un objets provenant de Farsoe[1]. Ces objets ont été plongés le 2 juin dans de l'eau de la Ville de Copenhague. Le 3, l'eau a été renouvelée sans y rechercher les chlorures, puis chauffée. Le 6 juin, 100 ^{cc} d'eau ont exigé 2^{cc},4 de la solution de nitrate d'argent. L'eau a été ensuite renouvelée et examinée aux dates ci-dessous indiquées; on a obtenu les résultats suivants.

Le 10 juin 1^{cc},8; le 16: 1,5; le 28: ?; le 5 juillet 1^{cc},0; le 21: 1,1; le 28 août 1^{cc},8. Puis avec l'eau distillée, le 6 septembre 0^{cc},5 et le 10 septembre 0^{cc},3. Avant l'addition du nitrate d'argent, on a ajouté chaque fois à l'eau du lavage une faible solution de chromate de potassium.

---

[1] Mus. Nat., N^{os} C. 9059 à 9090.

Après l'addition des divers dosages de la solution de nitrate d'argent, la couleur jaune de l'eau a viré au rougeâtre[1]. Puis on a procédé à l'imprégnation des objets avec de la paraffine. De ces trente et un objets lavés, six ont dû plus tard être traités à nouveau.

En 1908, on a lavé ensemble dans 75 litres d'eau distillée vingt trois objets provenant de diverses localités. Ils ont été mis dans l'eau le 16 octobre. 100 ^{cc} d'eau ont exigé le 19 octobre $0^{cc},3$ de la solution de nitrate d'argent, le 27 octobre $0^{cc},5$; le 31: 0,3; le 5 novembre $0^{cc},3$; le 12 0,2; le 20: 0,2; et le 30 novembre l'eau était de nouveau rougeâtre après l'addition de $0^{cc},2$ de cette même solution. Entre chaque prise d'essai, l'eau distillée a été renouvelée et maintenue en ébullition pendant plusieurs heures. Immédiatement après le lavage, on a procédé dans le délai de vingt-quatre heures au traitement des objets à la paraffine fondue à une température de 105° C à 120° C.

Sur quatre de ces objets provenant chacun d'une localité différente, il s'était formé au bout d'un an des gouttes d'un liquide renfermant des chlorures de fer.

A quoi maintenant attribuer cette formation? Tous les chlorures n'avaient-ils donc pas été éliminés? Est-ce possible de les éliminer tout-à-fait?

Les chlorures de fer peuvent-ils être éliminés?

Afin de trouver la réponse à ces questions, on a procédé au lavage de trois petits objets pesant de 10 à 25 grammes. On les a plongés chacun séparément dans un demi-litre d'eau distillée. On pensait continuer le lavage jusqu'à ce qu'on ait la certitude que l'eau n'agissait plus, c. à. d. qu'elle se montrerait exempte de chlorures, ou bien que sa teneur en chlorures demeurerait constante pendant un certain

---

[1] Avec du chromate de potassium comme indicateur, l'eau distillée pure a demandé $0^{cc},1$ de la solution de nitrate d'argent, pour virer également au ton rougeâtre.

temps. Les trois lavages se sont passés à peu près de la même manière; ils ont duré plus d'un an, avec une interruption de quatre mois, et, au bout de ce temps, on n'avait même pas obtenu la teneur en chlorures constante dans l'eau du lavage, à plus forte raison n'était-on pas arrivé à obtenir une eau de lavage exempte de chlore.

Nous nous bornerons ici à rendre compte du lavage d'un de ces objets:

Un petit couteau[1], trouvé à Maarslet, qui séché à l'air pesait 10^{gr}, a été plongé le 3 février 1912 dans de l'eau distillée que l'on a fait chauffer. 100^{cc} de l'eau du lavage exigèrent le 6 février $2^{cc},5$, le 8: 0,5; le 9: 0,3; le 12: 0,3; le 13: 0,2; le 17: 0,4; le 21: 0,3; le 23: 0,2; le 27: 0,2; le 5 mars: $0^{cc},2$, et le 11 mars: $0^{cc},2$ de la solution de nitrate d'argent pour virer au rouge.

Ce couteau a ensuite été plongé dans un demi-litre d'alcool où il est resté jusqu'au 13 mars, après quoi il a été mis sécher à l'air, puis on l'a placé dans la chambre humide[2] le 14 mars. Le 15, on a constaté qu'une tache noire d'hydrate de fer s'était formée à un endroit métallique brillant du couteau, ce qui indiquait qu'il se trouvait encore des chlorures dans le couteau; leur présence a en outre été confirmée par le fait qu'en l'espace de quelques jours il s'est formé des petites «gouttes de sueur». Le 27 mars on en voyait sept. Le couteau a été alors plongé à nouveau dans un demi-litre d'eau distillée pour en continuer le lavage.

100^{cc} d'eau du lavage exigèrent le 30 mars $0^{cc},2$ de la solution de nitrate d'argent, après quoi l'eau a été renouvelée et chauffée. Les prises d'essais demandèrent le 2 avril $0^{cc},1$; le 6: 0,15; le 9: 0,15; le 10: 0,15; le 12: 0,3; le 13: 0,3; le 15: 0,4; le 17: 0,2; le 19: 0,15; le 22: 0,15 et le 23: $0^{cc},15$.

---

[1] Mus. Nat., No. C. 15271.

[2] Sur la chambre humide, voir plus loin, p. 33.

Là-dessus, le couteau a été mis sécher à l'étuve, puis placé de nouveau dans la chambre humide. En deux jours, il s'est formé de toutes petites gouttes brunes et noires. L'une d'elle avait, le 29 avril, la grosseur d'une tête d'épingle en verre. A l'aide d'une petite pipette on a fait alors passer le liquide de ces petites gouttes dans une toute petite éprouvette, et on y a ajouté une goutte d'acide nitrique pur dilué, après quoi on a procédé à la recherche des chlorures par le nitrate d'argent. Le liquide devint laiteux, trouble, et contenait donc encore un peu de chlorures.

Le couteau est resté ensuite exposé à l'air du laboratoire jusqu'au 28 août, ce qui n'a pas paru provoquer de changements dans son état lorsqu'il a été replongé dans un demi-litre d'eau distillée. 100^{cc} d'eau du lavage ont exigé le 4 septembre $0^{cc},2$; le 11 : 0,2 ; le 18 : 0,4 ; le 25 : 0,3 ; le 5 octobre $0^{cc},1$; le 18 : 0,1 ; le 26 : 0,1 ; le 15 novembre $0^{cc},1$; le 25 : 0,1 ; le 29 : 0,3 ; le 6 décembre $0^{cc},1$; le 11 : 0,1 ; le 18 : 0,2 ; le 20 : 0,15 ; le 23 : 0,1, et le 30 : $0^{cc},1$ de la solution de nitrate d'argent.

De ces chiffres, il ressort entr'autres que l'eau a pu avoir encore périodiquement au mois de novembre une teneur en chlorures tout aussi forte que peu après le commencement des opérations dans la première quinzaine de février.

Comme on peut le voir par ces résultats, une élimination complète des chlorures d'une antiquité en fer, si minime soit-elle, est irréalisable en pratique.

Mais, est-il possible qu'une teneur en chlorures dans la couche de rouille aussi faible que l'indiquent les titrages sus-mentionnés, puisse être à même de causer la perte des antiquités ?

Il en est ainsi sans aucun doute, car, lorsque plus tard la couche de rouille vient à se casser, les objets incomplètement lavés accusent une teneur en chlorures plus forte que celle indiquée par la faible réaction du premier lavage. Le motif en est peut-être, ou que l'eau à la suite d'un éclatement ultérieur de la rouille a pénétré dans l'intérieur de l'objet à des endroits ou elle ne pouvait avoir accès auparavant, ou aussi qu'un reste de chlorures s'y trouvait à l'état de sels basiques difficilement solubles dans l'eau.

Et l'on pourrait encore se demander: — Tout objet en fer rouillé est-il donc impossible à conserver, uniquement parce qu'il est recouvert de rouille?

L'objet se conserve quand il ne contient pas de chlorures

● Non, car il y a des séries d'antiquités encore métalliques qui ne subissent aucune altération dans les musées, pourvu que l'on ait eu soin de les soustraire par l'imprégnation à l'action de l'air, et ces objets sont, pour la plupart, des antiquités en fer trouvées dans les tourbières.

Afin de rechercher si un de ces objets ainsi conservés ne contenait pas de chlorures, on a procédé au lavage d'un fragment de *l'umbo* d'un bouclier provenant de Viemose et qui avait été gardé en observation pendant plusieurs années sans avoir été traité auparavant. On l'a plongé le 9 mai 1912 dans un demi-litre d'eau distillée, et chaque fois que l'eau a été renouvelée, elle a été chauffée à la vapeur.

100^{cc} d'eau du lavage demandèrent le 10 mai, une première fois $0^{cc},15$, la seconde $0,1$; le 11, une première fois $0^{cc},2$, la seconde $0,1$; le 13: $0^{cc},1$; le 14, une première fois, $0^{cc},1$, la seconde $0,1$; le 15: $0^{cc},1$; le 17: $0,1$; le 20?; le 25: $0,1$; le 1 juin $0^{cc},1$; le 11: $0,1$ et le 19: $0^{cc},1$ de nitrate d'argent pour virer au rouge.

On peut supposer que la teneur infime en chlorures dans les premières eaux du lavage a été transmise à l'objet par le maniement, ou aussi qu'elle était due à une autre influence extérieure. Au reste, le lavage s'est fait de la même manière que si l'objet avait été en argile ou en toute autre matière sur laquelle l'eau n'agit pas chimiquement.

Comme la couche de rouille qui recouvre les antiquités

trouvées dans les tourbières est très poreuse — elle absorbe l'eau avec avidité —, le lavage doit avoir rempli son but, et on peut dire positivement que ce fragment ne contenait pas de chlorures.

Il en est autrement pour le lavage décrit à la page 8, car on ne peut pas conclure de la faible réaction en chlorures de l'eau du lavage que l'objet soit entièrement ou à peu près débarrassé des chlorures.

L'ÉTAT DU FER AU MOMENT
DE SA DÉCOUVERTE

L'état dans lequel sont les antiquités en fer lorsqu'on les trouve est, comme on le sait, très différent, selon les influences qu'elles ont subies pendant qu'elles étaient encore entre les mains des hommes, et, plus tard, au cours de leur abandon à la nature à travers les âges.

Les objets trouvés au sein de la terre ont un autre aspect que ceux découverts dans les tourbières. Les trouvailles faites dans les sépultures diffèrent souvent, selon que les cadavres autour desquels ces objets ont été déposés ont été incinérés ou non. La surface des objets trouvés dans les tourbières est souvent d'un beau noir, mais elle peut aussi être très fortement attaquée par la rouille.

D'après ces différences dans leur aspect, et en tenant compte du degré de conservation de ces objets, il semble tout naturel de les classer en quatre groupes principaux avec les subdivisions suivantes :

Classification

A. Objets non-brûlés trouvés dans la terre.

    a. A noyau métallique, recouverts d'une couche épaisse de rouille dont la rugosité ne rend pas très exactement la forme primitive de l'objet (fig. 6, p. 43).

    b. Sans noyau métallique, souvent creux, à l'extérieur semblable à celui des objets décrits sous *a* (fig. 3, p. 44).

B. Objets brûlés trouvés dans la terre.

    a. Recouverts d'une couche de battitures intacte qui rend la forme primitive de l'objet, surface lisse allant du rouge au gris noir; métal bien conservé (fig. 1).

    b. Avec une couche de battitures brisée par endroits, entièrement ou en partie déformés; métal non entièrement transformé.

    c. Avec une couche de battitures brisée par endroits, déformés entièrement ou en partie; sans noyau métallique (fig. 4, p. 25).

C. Objets trouvés dans les tourbières.

    a. Métalliques, recouverts d'un hydrate de fer poreux allant du brun foncé au noir, souvent à surface lisse qui rend la forme primitive de l'objet.

    b. Avec un brillant métallique, surface plus ou moins attaquée.

D. Objets trouvés dans l'eau douce ou saumâtre.

    a. A noyau métallique, couverts d'une couche de rouille allant du brun au noir.

    b. Sans noyau métallique.

Fig. 1. ³/₄. Pincette[1].

Le groupe D comprend très peu d'objets, et la caractéristique des antiquités trouvées dans la terre peut en général s'y appliquer. Les objets appartenant au groupe C sont ou pour le plus souvent faciles à conserver, ou ils ne rentrent plus dans le cadre de cet ouvrage, si les tourbières dans lesquelles ils ont été trouvés contenaient des sulfures ou des sulfates. C'est pourquoi ce sont principalement les objets trouvés dans la terre qui vont être traités dans ce qui suit.

---

[1] Mus. Nat., N° C. 148531. Provient de Ringe, Fionie.

Le fer dans la terre

La teinte brunâtre que donne la rouille au terrain qui entoure un objet en fer enfoui dans la terre, en révèlera ordinairement la présence avant que l'objet même ne soit atteint. Les eaux du sol ayant dissous une partie du fer, cette solution s'est infiltrée et elle à déposé aux alentours des composés oxydés insolubles qui, à proximité de l'objet, ont comme cimenté les grains de sable, et si fortement même, qu'il est quelquefois très difficile d'atteindre la surface de l'objet.

On y arrive cependant souvent par un travail mécanique approprié, et la surface de l'objet apparaît. Elle n'est généralement pas unie, avec plus ou moins de formations saillantes ayant la forme d'ampoules, elle est lisse et parfois luisante, d'une couleur brun foncé allant jusqu'au noir, et en outre d'une grande dureté. Un extérieur de ce genre est commun à une grande partie des antiquités danoises en fer trouvées dans la terre; seul le groupe B *a* forme une exception. Les objets appartenant à ce groupe n'ont subi dans la terre aucune altération, aussi le terrain avoisinant n'était-il pas teinté de rouille, ce qui, par contre, est plus ou moins le cas pour les objets des groupes B *b* et *c*. Ceux-là ont ordinairement été entourés d'ossements brûlés, de charbon de bois, et autres choses de ce genre, soit sur les bûchers funéraires, soit dans la terre, et comme l'enduit de battitures qui s'est formé sous l'effet de la combustion n'a pas été tout à fait réfractaire à l'action des eaux d'infiltration, le liquide ferrugineux a pénétré jusqu'à ces ossements ou dans la terre, et elle y a fixé l'objet en fer si solidement qu'on ne peut souvent l'en détacher sans l'endommager.

Les objets du groupe A, surtout quand ils proviennent de sépultures, ont souvent été entourés dans la terre de matières organiques, telles que bois des cercueils, fourreaux et poignées d'épées, gaînes et manches de couteaux, portelances et autres choses de ce genre; cuir des gaînes et des fourreaux, vêtements des défunts en étoffes tissées, etc.; corne, ossements, noisettes, graines, etc., etc. Tous les objets de ce groupe ayant été fortement atteints par les eaux du sol, et la solution des sels de fer avidement absorbée par les diverses matières organiques au fur et à mesure que les tissus étaient détruits, on trouve actuellement ces matières organiques fortement enrouillées sur les objets qui sont eux-mêmes durcis par la rouille (fig. 2). Cette

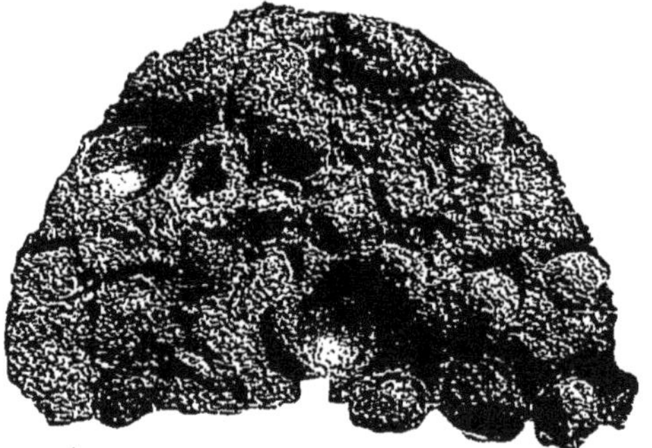

Fig. 2. ²/₃.
Rasoir sur lequel des coquilles de noisettes sont enrouillées[1].

rouille-là est le plus souvent d'un brun jaune clair, moins dure et moins luisante que celle qui couvre la surface de l'objet même. Si, au contraire, les objets ont été entourés de terre, une partie de la terre est fixée à l'objet par la rouille, et il peut se faire que ces objets ne peuvent se distinguer de ceux des groupes B *b* et *c*, qui ont aussi été entourés de terre.

Si nous prenons maintenant à part une série de ces objets en fer dans les fentes et les cassures desquels on peut observer la rouille à des profondeurs diverses, on y

---

[1] Mus. Nat., No ²³⁰/₁₆. Provient du couvent de Gudum. Au fond de la découpure arrondie sur le dos du rasoir, on voit de la peau enrouillée sur le plat.

trouvera une variété de couleurs et de formes difficiles à distinguer les unes des autres. On peut y voir les couleurs les plus fortes et les plus brillantes à côté de teintes douces aux tons chauds, veloutés; les roses et les verts tendres mêlés aux jaunes, aux bruns et à de beaux noirs. Des cristaux d'une grande dureté alternent avec une poudre douce, ou bien avec des couches de matières humides, sablonneuses; des cristaux lamellés sont entourés de liquide; et, en perçant la rouille à un endroit quelconque, il en sortira peut-être une poudre rouge, alors que tout près de là, dans une couche ayant le même aspect, il se sera formé une poudre verdâtre ou noire, et ainsi de suite.

Malgré toutes ces diversités, dont quelques-unes ont pu se former après que l'objet a été retiré de la terre, il y a des traits généraux qui donnent à ces objets un certain aspect commun à tous. A titre d'exemple de ces connexions ordinaires, nous donnons ici la description d'une épée brûlée trouvée en terre dans le Vendsyssel[1] qui ne contenait pas de fer métallique.

Stratification de la rouille

Cette épée avait été repliée dans l'ancien temps. Il n'y a aucun doute que ses dimensions et son poids n'aient été de beaucoup moins grands avant la transformation du fer dans la terre que lorsqu'on l'en a retirée. Du sable était si fortement fixé à la surface de l'épée qu'on ne put l'enlever entièrement. L'épée était cassée par le milieu, et les cassures formaient une coupe qui laissait voir une stratification. Par le nettoyage, les diverses couches ont été mises en regard d'une façon encore plus prononcée sur une surface brillante d'une largeur de 4 à 6^{mm}.

Le dessus était formé par une couche épaisse de 2^{mm} d'un gris foncé avec des points bruns; à l'œil nu elle faisait l'effet d'un beau noir rougeâtre. Au dessous, il y avait une

---

[1] Mus. Nat., No $^{628}/_{10}$.

couche mince, épaisse d'environ $0^{mm},5$, d'une teinte gris acier à l'éclat métallique, et ensuite une couche noire de 1 à 2^{mm} d'épaisseur qui par une teinte faiblement verdâtre passait à une mince couche pulvérulente d'un brun jaune clair. Au centre se trouvait une cavité ayant un diamètre de 4 à 5^{mm}.

Au décapage qui s'est fait avec une meule de carborundum, la couche externe noir rougeâtre et la couche gris acier qui toutes deux étaient extraordinairement dures, sont devenues unies comme un miroir, tandis que dans les autres couches, et surtout dans la partie externe de la couche noire plus tendre, il s'était formé quelques creux très marqués, comme si des cristaux s'en étaient détachés. Pulvérisée, la couche externe était brun rouge, la couche gris acier, gris foncé, et la noire, d'un noir verdâtre.

Les parties grises dans la couche externe entourant l'objet sont constituées par de la silice, et les points brun rouge par de l'hydrate de fer. La mince couche d'un gris acier est la couche de battitures qui s'est formée lors de la combustion du fer avant son dépôt dans la terre. La couche noire est du sesquioxyde formé dans la terre sur le, fer par le fer métallique, du fait que la compacité des couches externes a constitué un empêchement à la formation d'un peroxyde. Cette couche peut être ou dure, brillante et cassante, ou bien terne et poreuse. Aux endroits où la teinte est verdâtre, c'est le protoxyde de fer qui domine. La poudre brun jaune qui constitue la couche la plus au centre, est de l'hydrate ferrique.

Toutefois, ces quatre couches ne se trouvent pas dans tous les objets du groupe B*c*, et si la couche des battitures, est seulement brisée à peu d'endroits ou même à un seul, il ne se sera formé qu'autour de ces endroits des granules de sable rouillé, tandis que le reste de la couche peut être lisse et uni. La couche des battitures ne se transforme pas chimiquement, mais elle peut être brisée, puis rejointe, par l'action des combinaisons de fer dissoutes infiltrées, ce qui la déformera à un tel point, qu'elle ne sera plus reconnaissable comme couche. Il se peut aussi que l'une des couches internes manque ou même les deux, de sorte que la couche des battitures forme une mince enveloppe autour d'une grande cavité.

Les objets appartenant au groupe B*b* peuvent avoir les trois couches externes décrites ci-dessus; par contre la couche interne brun jaune fait défaut aux endroits où l'objet a encore un noyau métallique. A l'air humide, ou immédiatement après que l'objet a été extrait de la terre, la couche d'un noir mat, ou celle d'un noir verdâtre, est humide, et souvent séparée du métal par une couche d'un blanc verdâtre. A d'autres endroits, le sesquioxyde noir, dur et brillant peut s'étendre directement sur le métal et y être très fortement fixé.

Le groupe A peut avoir dans le même ordre une stratification toute pareille à celle du groupe B. C'est ainsi que la couche externe de silice fortement enrouillée sur les objets non brûlés, peut être tout-à-fait semblable à la couche correspondante des objets brûlés. On peut aussi, parmi les objets du groupe A, trouver dans la couche externe de silice une couche de sesquioxyde cristallin d'un gris acier qui, tout en étant très rarement unie et lisse, a le même aspect que la couche des battitures dans les objets du groupe B. Quand cette couche-là existe, les couches internes peuvent aussi correspondre entièrement aux mêmes couches du groupe B, ou bien, tout comme dans ce groupe, manquer tout à fait et être remplacées par une grande cavité.

Dans de certaines circonstances, par exemple, lorsque, dans la terre, le fer a été entouré de matières organiques telles que le bois, le cuir, etc., qui forment une couche relativement mince proportionnellement à la masse de fer, comme, par exemple, le fourreau autour d'une épée, le composé d'oxyde d'un brun noir pouvant aller jusqu'au noir qui actuellement constitue l'épée, a un aspect entièrement homogène, fragile et brillant. S'il y a eu de l'espace entre le bois et le fer, l'épée n'aura pas gardé sa forme. Si, par contre, la couche de bois qui entoure l'épée est épaisse en proportion de l'épaisseur du fer, et si elle joint bien, comme, par exemple, le manche autour d'une poignée, il ne reste généralement de la pointe en fer qu'une enveloppe noire, poreuse et mate, reproduisant exactement la forme de la poignée, mais qui le plus souvent est creuse (fig. 3, p. 44[1]). Parfois il ne reste rien de la pointe en fer et le bois ne forme plus qu'un moule vide.

Si un objet du groupe A possède encore un noyau métallique, celui-ci est toujours entouré d'une ou de plusieurs des couches externes dont il est parlé précédemment. Dans l'air humide, la couche qui repose sur le métal est humide et d'une teinte vert gris clair. Séchée, elle est d'un blanc verdâtre et donne une poudre claire allant jusqu'au blanc qui, à l'air humide, devient bien vite brune, mais sans se liquéfier.

Ampoules de rouille

En outre de ces couches de rouille qui enferment l'objet tout entier, on rencontre coup sur coup d'autres formations plus locales, telles les grandes ampoules de rouille bien connues avec leur contenu de cristaux lamellés, tavelés, hexaèdres, aux bords aigus, qui sont d'un noir brillant immédiatement après que l'ampoule hermétiquement fermée a été percée, mais qui, petit à petit, deviennent jaunes, bruns ou rouges; ces ampoules peuvent aussi contenir des cristaux noirs aux reflets métalliques, ou bien des cristaux gris acier, des couches sablonneuses blanchâtres, ou un liquide jaune verdâtre. Les parois internes de ces ampoules sont souvent

---

[1] Ce couteau (N° C. 12201) provient de Langkastrup; il appartient au groupe A*b*. Le long d'un des côtés de la pointe en fer on peut voir encore de fines petites entailles faites lors de la fabrication du couteau.

aussi formées de petits mamelons semblables au revers d'un dépôt galvanique obtenu à un faible courant électrique.

Il n'est pas rare de rencontrer en groupes de petites cloches aux croûtes minces variant du brun jaune au noir, brillantes, dures et fragiles, entourées d'autres croûtes assez nombreuses, qui elles-mêmes en renferment d'autres. Ce genre se rencontre surtout aux endroits où, dans la terre, un petit espace plein d'air a pu se former, comme, par exemple, à la jonction du manche d'un couteau avec la lame. Ces cloches sont à l'intérieur d'un brun jaune mat.

Analyses

Les analyses que M. Baggcsgaard-Rasmussen, préparateur à l'Ecole de Pharmacie à Copenhague, a faites des cristaux lamellés, hexaèdres, brun rouge, primitivement noirs, ainsi que des cristaux noirs à reflets métalliques des ampoules, et de la poudre brun jaune interne des objets non-métalliques, ont donné les résultats suivants:

1°. La matière cristalline brun rouge n'ayant été remise qu'en très-faible quantité, l'analyse, ne peut donc être qualifiée que partiellement exacte; elle a donné:

$$Fe^2 O^3 - 91,5\,\%, \; Cl - 5,4\,\%.$$

2°. La couche noire cristalline ne contenait pas de chlorure; après dissolution dans l'acide chlorhydrique, il restait quelques rares grains de sable brillant. L'analyse d'un échantillon qui ne contenait que des traces de la couche de rouille brun rouge, a accusé une teneur de 64,6 % Fe.

$$Fe^3 O^4 \cdot H^2 O \text{ contient } 67,2\,\% \text{ Fe.}$$

3°. La couche pulvérulente brun jaune ne contenait pas de chlorure.

$$Fe^2 O^3 - 72,6\,\%.$$

TRANSFORMATION DANS LA TERRE

Si l'on voulait essayer de trouver pourquoi la rouille se forme de si différentes manières sur le fer dans la terre, on pourrait d'abord rechercher comment la rouille se forme dans des circonstances qui, il est vrai, ne répondent pas entièrement à celles sous l'influence desquelles le fer se rouille dans la terre, mais qui cependant leur sont à peu près semblables et qui de plus offrent l'avantage de ne pas être soustraites à l'examen; puis, partant de là, on pourrait chercher à élucider les différentes phases de la formation de la rouille.

Dans des conditions ordinaires, le fer dans la terre est exposé à l'action de l'eau chargée d'acide carbonique et d'oxygène. Mais cette eau contient aussi des chlorures dissous: au cours des nombreux lavages faits au Musée National, il ne s'est rencontré aucun cas où la présence de chlorure n'ait été constatée. De plus, le liquide jaune verdâtre dont il est parlé à la page 18 et qu'on trouve dans les ampoules de rouille contient, principalement sous forme de chlorure ferreux, des combinaisons de chlore et de fer dissoutes dans l'eau.

Chlorure ferreux sur le fer à l'air humide

Si l'on met à l'air humide une goutte de ce liquide sur une surface métallique décapée, il se formera immédiatement à la surface de la goutte une pellicule tout à fait mince, d'apparence incolore, fragile et dure, une pellicule d'oxyde.

Divers phénomènes dont je ne mentionnerai qu'un ici, prouvent que cette pellicule est bien une pellicule d'oxyde, car, au cours d'une formation de rouille dans l'air humide, il apparaît aussi des pellicules d'oxyde sur les gouttes d'eau qui se trouvent sur du fer: On a mis une plaque de fer décapée tremper à moitié

dans de l'eau distillée aérée, et on l'a ensuite placée dans
la chambre humide de façon que l'eau y adhérant se ra-
masse sous forme de gouttes au bas de la plaque. Il s'est
alors formé sur les gouttes une pellicule tout à fait mince
et incolore qui s'est plissée quand, pendant quelques ins-
tants, on a retiré la plaque de la chambre humide, et que,
par là, on a provoqué l'évaporation d'un peu d'eau; et, sur
le fer, il s'est formé des taches de rouille; ces taches étaient
brun jaune à l'extérieur, et, à l'intérieur, d'un noir verdâtre.
Après un séjour de plusieurs mois dans la chambre humide,
la plaque de fer était devenue brune de rouille au bas de
la partie mouillée et, sur la moitié qui n'avait pas trempé
dans l'eau, jusqu'à une certaine ligne qui était à peu près
celle marquant la limite atteinte par l'eau quand la plaque
y avait été plongée. De là jusqu'à un point indéterminé
dans le bas de la plaque, la rouille ne paraissait pas s'être
formée. En examinant d'une manière plus approfondie la
surface de la plaque, on a constaté que cette partie-là était
faiblement irisée, d'où il est permis de conclure qu'elle a
été couverte d'une pellicule d'oxyde claire et mince qui a
dû protéger le fer contre l'action de l'air humide.

Sur le côté interne de la pellicule et dans le liquide
même se forme peu à peu un dépôt floconneux brun jaune
qui lui donne une teinte brun jaune, et une couche noire
se forme en même temps sur le fer. Au bout de quelques
jours, la pellicule est devenue une croûte compacte généralement ouverte au-dessus et qui ne renferme pas de liquide,
même à l'air saturé de vapeurs d'eau.

Si, par contre, on étend une faible couche du liquide
sur la plaque de fer décapée et qu'on place ensuite celle-ci
dans la chambre humide, il ne tardera pas à s'y former une
couche noire, comme il s'en était formé une au fond des
gouttes. C'est une couche de sesquioxyde hydraté, qui est
recouverte d'une pellicule d'oxyde incolore et toute mince.
Si, sans enlever la pellicule d'oxyde, on humecte le sesqui-

oxyde nouvellement formé avec un peu de chlorure ferreux, ce sesquioxyde deviendra immédiatement vert gris.

Si, à la suite de l'action prolongée d'une portion notable de. chlorure ferreux sur une plaque de fer, la. couche de sesquioxyde noir est plus épaisse, et qu'après l'avoir grattée à un endroit quelconque de façon à mettre à nu le métal brillant, on place la plaque dans la chambre humide, le métal se recouvrira très vite d'une couche de sesquioxyde noir couvert d'une mince pellicule. Si l'on enlève un peu de sesquioxyde, on verra tout près du métal une couche d'oxyde ferreux (hydrate) d'un blanc verdâtre.

De la couche du sesquioxyde noir sortent peu à peu des petites gouttes qui toutes sont encloses dans une pellicule d'oxyde mince, incolore et transparente, au travers de laquelle on aperçoit les combinaisons oxydées déposées du liquide, et dont la teinte est brun jaune, noire, ou gris verdâtre, suivant leur degré d'oxydation. Les gouttes plus grosses sont toujours brun jaune, et, séchées, elles ont en général une pellicule d'oxyde incomplète. Après quelque temps, il semble qu'un arrêt dans la formation de la rouille se produit, mais le fait que la plus grande partie de la rouille se détache du métal démontre qu'un phénomène quelconque a lieu. La rouille est alors sèche, et, en séchant, elle s'est contractée. Entre les deux parties on voit des taches brun jaune qui sont des traces de gouttes semblables à celles qui se sont formées premièrement. La solution de chlorure ferrique qui de la couche d'oxyde premièrement formée s'est retirée jusqu'au fer métallique, a de nouveau formé des gouttes couvertes d'une pellicule d'oxyde, et de l'hydrate de fer brun jaune, et, sur le métal, un hydrate de sesquioxyde noir.

Sur les antiquités en fer trouvées dans la terre, l'air humide provoque absolument les mêmes phénomènes. Des gouttes paraissent à la surface des objets, des cassures de la rouille sort un liquide qui laisse une couche mince de sesquioxyde noir ou vert gris, recouvert d'une mince pellicule d'oxyde; et si, à un endroit quelconque, on débarrasse le métal du sesquioxyde noir, il se reforme vite à cet endroit une couche noire au dessous de laquelle se trouve une couche d'une teinte blanc verdâtre.

C'est donc ainsi que les gouttes de chlorure ferreux paraissent se comporter quand, d'un côté, elles sont exposées à l'action de l'air atmosphérique, et de l'autre, à celle du fer métallique.

L'air oxyde la goutte partiellement en formant une pellicule d'oxyde de fer en même temps que du chlorure ferrique; celui-ci reste en solution et est à son tour réduit par le fer en chlorure ferreux[1], mais il se forme en même temps un protoxyde, et l'hydrogène se dégage. Le fer forme alors du chlorure ferreux et de l'hydrate ferreux

$$2\,Fe + 2\,FeCl^3 + 2\,H^2O = 3\,FeCl^2 + Fe\,(OH)^2 + H^2.$$

Ces composés ferreux s'oxydent par l'oxygène contenu dans l'eau et deviennent du sesquioxyde hydraté ou un hydrate ferrique, et du chlorure ferrique qui de nouveau attaque le fer. La manière la plus simple d'écrire ces réactions sera de remplacer les hydrates de fer par les oxydes simples:

$$9\,FeCl^2 + 2\,O^2 = Fe^3O^4 + 6\,FeCl^3.$$

Les réactions de ce genre ne se font naturellement pas comme ci-dessus d'après de simples équations de réactions chimiques, mais avec des sels basiques comme intermédiaires.

S'il y a suffisamment de solution de chlorure ferreux pour former une goutte, le fer s'oxyde dans cette goutte et se transforme en hydrate ferrique; s'il n'y a de cette solution que pour en étendre une mince couche, il n'apparaît que l'hydrate noir de sesquioxyde.

---

[1] *Olshausen*, cité par *Rathgen*, Konservirung von Alterthumsfunden, p. 13.

Si l'on met dans une éprouvette un peu de poudre de fer pure, et que l'on y verse une solution aérée de chlorure ferreux[1], il ne tardera pas à se produire un vif dégagement de gaz dont l'odeur est désagréable[2,3]. Le liquide se couvrira d'une pellicule transparente dont la couleur brun jaune est due au précipité qui se forme par dessous. Quand on agite l'éprouvette, les bulles d'air montent à la surface du liquide et soulèvent la pellicule d'oxyde, laquelle recouvre alors l'espace aéré qui s'est formé. Le liquide devient trouble et prend une couleur d'un vert gris, tandis que la poudre de fer devient d'un gris verdâtre, plus foncé dans les couches supérieures, clair au fond. Cette série d'expériences démontre à grands traits les premières phases de la transformation que subit le fer dans la terre.

Jusqu'ici, l'existence du chlorure ferreux est supposée. Mais les chlorures de fer en solution ne se rencontrent pas dans la terre; par contre, on y trouve des chlorures de calcium, de magnésium, de potassium et de sodium. Si l'on dépose de petites gouttes d'une solution aqueuse de ces sels sur du fer métallique, il s'y formera toujours à l'air humide des *perles de rouille* dont la nature et l'aspect sont semblables à la nature et à l'aspect que montrent les gouttes obtenues avec le chlorure ferreux, à la différence près qu'elles ne se forment pas aussi rapidement, et que la quantité de sesquioxyde noir qui se forme sur le fer n'est pas aussi notable que dans la rouille obtenue par le chlorure ferreux. Il se forme peu à peu une solution de chlorure ferreux que l'air oxyde, et ainsi de suite.

---

[1] Avant l'essai on a ajouté à la solution une goutte d'une solution d'hydrate de potassium qui a fourni un faible dépôt qu'on a filtré.

[2] De l'hydrogène et d'autres gaz.

[3] Selon *E. Liebreich:* Rost und Rostschutz, Samlung Vieweg., Hft. 20, p. 15 et 25, le fer ordinaire s'allie à l'hydrogène jusqu'à un certain degré de saturation en abandonnant l'excès d'hydrogène.

Nous ne recherherons pas ici d'où provient le chlorure ferreux, mais nous ferons seulement remarquer qu'il doit se former là où les chlorures susmentionnés se rencontrent dans la terre. D'après W. Bersch[1], nombre d'oxydes et d'hydrates de métaux lourds sont affectés par des alcalis halogénés, en ce sens que l'alcali est mis en liberté. A. Krefting[2] prétend que le fer métallique a le pouvoir de s'emparer d'une partie de l'halogène présent, malgré l'affinité plus grande de celui-ci avec l'alcali.

Objet en métal transformé en une gaîne vide

Si l'on voulait maintenant essayer de démontrer comment un objet en fer tel que le couteau reproduit sous fig. 4 a été transformé de l'état entièrement métallique en la gaîne actuelle, on pourrait le faire ainsi.

Ce couteau a été brûlé avant d'avoir été déposé dans la sépulture. C'est sous l'action du feu que se sont formées les battitures dont le couteau se compose maintenant presque exclusivement. Il y a eu un vide à un

Fig. 4. ²/₃.
Couteau sans fer métallique. Groupe B c³.

---

[1] *Zeitschrift v. phys. Ch.* 1891, p. 383. Ueber die Umsetzung von Oxyden und Hydroxyden schwerer Metalle mit Halogenverbindungen der Alkalien.

[2] Sur l'oxydation de quelques métaux, voir *Christiania Videnskabs Selskabs* Forhandlinger, 1892, N° 16, p. 4.

[3] Mus. Nat., N° C.15498. Provient de Ryomgaard.

certain endroit entre la terre du tombeau et le couteau, et
la couche des battitures n'a pas été tout à fait compacte.
C'est par là que l'eau souterraine a pénétré jusqu'au métal
qu'elle a attaqué de la même façon dont il est attaqué par
l'air, mais, comme la quantité d'oxygène présent dans la
terre est plus faible, son action a été beaucoup plus lente.
Il s'est formé une solution de chlorure ferreux qui s'est
couverte extérieurement d'une mince pellicule d'oxyde, tandis
que sur le fer il s'est formé un chlorure ferreux basique.
Celui-ci s'est oxydé en hydrate de sesquioxyde, et en chlorure ferrique qui a dissous un peu de fer tout en formant
du chlorure ferreux ou du chlorure ferreux basique, lequel
à son tour a été oxydé par l'eau aérée; et, ainsi de suite,
jusqu'à ce qu'à la suite de l'augmentation du volume causée
par la transformation du fer métallique en sesquioxyde hydraté et en solution de chlorure ferreux, et probablement
aussi par le dégagement d'hydrogène, un fragment de la
couche de battitures a été soulevé hors de la couche avec
laquelle il n'a plus tenu que par une fine et étroite traînée
de la pellicule d'oxyde, qui toujours se reforme immédiatement où la solution de chlorure ferreux atteint dans la terre
l'espace rempli d'air.

La transformation s'est continuée en profondeur et sur
les côtés, du fait que le chlorure ferreux, qui est très hy-
groscopique, a continuellement absorbé de l'humidité et de
l'oxygène à travers la mince pellicule d'oxyde dernièrement
formée, et, finalement, le fer à cet endroit a été «rongé»
d'outre en outre; et c'est pourquoi, au lieu de fer, il ne
s'est plus trouvé qu'un sesquioxyde hydraté, désagrégé et
poreux, tandis que l'excès de la solution de chlorure ferreux
était conduit avec l'hydrogène formé à l'endroit qui tout
d'abord avait cédé à la pression interne; il s'est alors formé
une ampoule de rouille qui, au fur et à mesure que le fer
s'est transformé de tous côtés, a augmenté dans ses dimensions par suite du fait que la pellicule dernièrement formée

se partage le long du milieu de l'ampoule, et fait place à une nouvelle traînée étroite qui, chaque fois, à la suite de la pression interne, augmente légèrement de volume. Le fragment détaché de la couche de battitures s'est soulevé de plus en plus, et les parois latérales se sont élargies — la cavité s'est agrandie de tous côtés. Finalement, tout le fer métallique a été transformé, et, à sa place, il n'est plus resté qu'un protoxyde et un sesquioxyde hydratés, et dans les ampoules une faible quantité de solution de chlorure ferreux, tandis qu'une quantité plus forte se sera probablement échappée par la fente de l'ampoule et se sera infiltrée dans les alentours. Le protoxyde et le sesquioxyde hydratés s'oxydent dans la cavité, et, à la fin, il ne reste plus présent qu'un peu de poudre d'hydrate ferrique écailleuse, d'une couleur brun jaune. A d'autres endroits, c'est un tant soit peu de la solution de chlorure ferreux qui au cours du processus a pénétré jusqu'à l'extérieur de la couche de battitures et laissé un peu d'hydrate ferrique, ce qui a fait passer la couleur au brunâtre et a fixé un peu de sable à la surface. Actuellement ce couteau n'est plus constitué que par deux composés oxydés.

Si lors de l'inhumation la couche de battitures n'a pas été compacte à plusieurs endroits ou même à quelques-uns seulement, la transformation du fer s'est opérée à tous ces endroits à la fois, et l'objet a été plus fortement déformé. S'il a été entouré de terre, il s'est formé autour de l'objet une gangue épaisse de sable enrouillé.

Ces phénomènes se produisent à un plus haut degré encore sur les objets dépourvus de la couche de battitures, où toute la surface métallique est attaquée à la fois comme elle l'est quand on soumet à l'action de l'air humide une plaque de fer enduite d'une couche tout à fait mince d'une solution de chlorure ferreux. La surface métallique de l'objet devient noire par suite de la formation de sesquioxyde couvert d'une pellicule d'oxyde toute mince qui enferme

aussi les grains de sable y attenant. La solution de chlorure
attaque le fer sous la couche d'oxyde, et lorsque celle ci
a atteint une certaine épaisseur, la solution, après avoir
pénétré à travers ses endroits faibles ou bien, à travers
ceux où la pression interne est plus forte du fait d'une plus
forte formation de rouille, se répand sur la surface de
l'objet où elle vient à former un sesquioxyde d'ou résulte
une augmentation de son volume; ou, aussi, elle s'écoule
dans la terre où elle s'oxyde eu hydrate ferrique. Dans
des conditions non encore entièrement éclaircies il peut se
former à travers tout l'objet un sesquioxyde noir, brillant,
cristallin et dur, ou bien, il se forme dans une croûte dure
un sesquioxyde amorphe, poreux, d'un noir mat pouvant
aller à un noir verdâtre. Le fait que sur les objets qui se
composent entièrement de sesquioxyde cristallin on ne rencontre pas beaucoup d'ampoules, ou qu'elles ne sont pas
très grandes, pourrait faire croire que la formation des
ampoules dépend de la présence de la solution ferrique
entre la croûte externe et compacte de la rouille et le fer
métallique.

Activité des ampoules de rouille

Il se peut que le sesquioxyde cristallin qui se forme
souvent aussi dans les grosses ampoules (voir p. 18) soit
dû à une action galvanique entre le fer métallique et l'oxyde
ferrique avec la solution de chlorure ferreux comme élec-
trolyte. Il peut en résulter que l'épaisseur des parois de
l'ampoule augmente fortement du côté interne. L'activité
de l'ampoule continue aussi longtemps que l'objet est métallique et que la solution de chlorure ferreux peut y pénétrer.
Si une de ces ampoules encore en activité vient à passer
brusquement de la terre froide à l'air plus chaud, elle peut
éclater avec bruit, du fait que l'hydrogène qu'elle renferme
se dilate à la chaleur et fait éclater l'ampoule au milieu, à

l'endroit où s'est formée la dernière pellicule d'oxyde et partant, la moins résistante. La solution limpide et acide de chlorure de fer s'écoule alors et s'oxyde dans l'air.

Qualité du fer

La qualité du fer dont sont formés les objets en fer enfouis dans la terre est d'une grande importance pour la transformation qu'ils y subissent. Si le fer a contenu beaucoup de scories ou d'autres impuretés, ces matières auront activé la formation de la rouille. Mais celle-ci s'est formée plus rapidement encore si l'objet au lieu d'être une masse entière quand il a été travaillé, a été formé de plusieurs parties ou couches qui n'ont pas été exactement liées les unes aux autres, mais séparées par des composés oxydés formés dans la forge.

Dans quelles conditions un objet en fer peut-il „disparaître" dans la terre?

On comprend maintenant pourquoi toute la partie en fer d'une poignée qui était entourée d'un manche en bois, a pu •disparaître•. Le bois a absorbé la solution ferrique, et c'est autour du bois que la pellicule d'oxyde s'est d'abord formée. Le sesquioxyde hydraté a été dissous en un liquide acide qui s'est retiré dans le bois. Les minces croûtes des ampoules qui, comme il est dit plus haut, se rencontrent souvent entre la lame d'un couteau et le manche, proviennent probablement de la solution de chlorure ferreux qui a suinté du manche en bois. Dans de telles conditions, un objet en fer peut donc •disparaître• dans la terre; il peut également •disparaître• dans une terre marécageuse ou dans l'eau saumâtre[1].

---

[1] Ce phénomène est prouvé, entr'autres faits, par un étrange •moule creux• d'une épée en fer du temps des Vikings trouvée au bord de la mer sur la côte du Jutland. Du sable calcaire, des moules et

Expériences sur la formation de la rouille dans la terre

Afin de rechercher le degré de rapidité avec lequel la rouille se forme dans la terre contenant des chlorures, comparé à celui de la rouille qui se forme dans la terre ne renfermant pas ces sels, on a procédé à quelques expériences dont voici le résumé.

a. On a rempli de terre sablonneuse[2] un pot à fleurs ordinaire non vernissé, d'une capacité de 1500^{cc}. A peu près au milieu du pot, à 7^{cm} de profondeur, on a mis divers morceaux de fer, tels qu'un fragment d'une corde de piano, un de fer en barre et un de fer en lame qui avaient préalablement été frottés. On a arrosé avec une solution à 3 % de chlorure de sodium, après quoi on a laissé le pot au laboratoire.

b. Un autre pot du même genre a été rempli de terre sablonneuse provenant du même banc, mais auparavant on a lavé la terre avec de l'eau distillée, puis on y a mis des fragments des mêmes morceaux de fer que ceux mis dans le pot *a.*

Quand la terre était sèche, ou à peu près tous les quinze jours, on a arrosé chaque pot avec un demi-litre d'eau distillée.

Au bout de six mois, on a enlevé la terre qui recouvrait les morceaux de fer, puis on les a examinés. La formation de la rouille était beaucoup plus avancée sur les morceaux du pot *a* que sur ceux du pot *b.* Alors que

---

des escargots joints à des composés ferriques infiltrés avaient formé un moule creux d'une épée, tandis que l'épée même avait disparu totalement.

[2] La terre sablonneuse provenait d'un banc situé à Lisbjerg près de Aarhus où le Musée National a fait examiner un emplacement de sépultures dont les tombeaux avaient renfermé des cadavres non-brûlés et qui dataient de la période romaine.

dans celui-ci la terre enlevée n'était pas rouillée, il y avait 3^{cm} de terre rouillée autour des morceaux du pot *a*. La surface de ceux-ci n'était plus métallique, mais elle était recouverte d'une mince couche de sesquioxyde noir qui entourait aussi les grains de sable environnants et les retenait si fortement que ce n'est qu'avec peine qu'on a pu les en arracher, si bien qu'il en est resté des marques profondes dans la couche de sesquioxyde. Le fragment de corde de piano qui avait un millimètre d'épaisseur six mois auparavant en avait maintenant trois millimètres, grâce au sable enrouillé autour. On n'y voyait pas de grosses ampoules; et les petites étaient plates parce que le liquide avait coulé sur le sable. Dans le pot *b*, le fer avait l'éclat métallique avec des taches brun jaune qui étaient les traces de petites ampoules de rouille séchées. A d'autres endroits, sur la moitié de la surface à peu près, il y avait cependant du sable enrouillé; et où on l'a enlevé, on a constaté la présence d'une mince couche noire d'oxyde ferrique. Au bout de deux heures, on a remis la terre dans les pots, et l'essai a été continué de la même manière que précédemment.

Au bout d'un nouveau délai de six mois, on a procédé à un nouvel examen des fragments de fer. La différence dans la formation de la rouille sur les fragments du pot *a* et ceux du pot *b* sautait aux yeux. Tandis que dans celui-ci le fer métallique était encore brillant sur à peu près la moitié de la surface, probablement par suite de la présence d'une pellicule d'oxyde, la transformation du fer des fragments du pot *a* était très avancée, et même complète à un endroit de la corde de piano. En appuyant légèrement sur la corde à cet endroit-là, elle s'est cassée, et sur les cassures on n'a pas vu de fer métallique, mais un sesquioxyde noir, brillant et cassant. Le fragment n'était pas creux au milieu. Les autres morceaux de fer du pot *a* étaient couverts d'une couche de sesquioxyde noir épaisse d'un à deux millimètres, alors que celle constatée sur les morceaux du pot *b* était mince comme du papier.

ALTÉRATIONS DES ANTIQUITÉS EN FER
A L'AIR HUMIDE

Les altérations que subissent les antiquités en fer pendant qu'elles restent exposées à l'air atmosphérique sont principalement de nature chimique; de plus elles sont aussi de nature physique, car, comme les combinaisons formées sur le fer métallique sous l'action de l'oxygène, de l'acide carbonique et de l'eau contenus dans l'air, et sous celle des sels qui de la terre ont pénétré dans la couche de rouille, sont beaucoup plus volumineuses que le fer métallique, ces combinaisons exerceront petit à petit une pression toujours plus forte sur le fer métallique d'un côté, et de l'autre, sur les couches externes dures et compactes de la rouille; cette pression aura pour résultat l'éclatement de la rouille en fragments plus ou moins grands qui se détacheront de l'objet.

Mais les objets en fer ne s'altèrent pas tous de cette manière, et la grande majorité des antiquités en fer danoises ne subissent en général dans les musées aucune altération visible. Le Musée National s'est enrichi ces dernières années de nombreuses antiquités de ce genre, et c'est un des motifs pour lesquels le pourcentage des objets ne se maintenant pas, a diminué au cours de ces mêmes années[1].

Bien que sachant que les antiquités en fer n'avaient pas toutes également besoin d'être traitées en vue de leur conservation, celles trouvées dans la terre n'en ont pas

---

[1] Voir p. 6.

moins toutes en général été immédiatement lavées et imprégnées à cet effet, vu que jusqu'à présent, on ne connaissait aucune méthode pour distinguer les objets se maintenant de ceux ne se maintenant pas.

Cependant, il suffit de placer les objets à l'air saturé de vapeurs d'eau pour être à même de reconnaître s'ils peuvent se conserver sans être traités, ou bien, jusqu'à quel point ils ont besoin de l'être. Comme on le voit, le moyen est bien simple: car, sur les objets encore métalliques et non-protégés, on ne tardera pas à voir apparaître des gouttes plus ou moins grosses qui rapidement se recouvriront d'une pellicule brun jaune; ou bien, ces gouttes se répandront sur le fer ou sur la couche de rouille et y formeront des taches brun jaune, noires ou verdâtres. Par contre, si le fer est totalement couvert d'une pellicule d'oxyde compacte, la même qui dans la terre aura aussi protégé le fer, ou bien, si tout le fer métallique est transformé, ces gouttes n'apparaîtront pas. Cette formation de rouille voulue et momentanée, ne fait encourir aux objets aucun dommage appréciable ou visible quand, aussitôt l'examen terminé, on leur fait subir le traitement, si celui-ci est nécessaire.

Chambre humide

Un cylindre en verre avec un couvercle rodé peut servir de chambre humide[1]. A trois centimètres environ du fond du cylindre, on met une plaque en zinc percée de trous sur laquelle on place l'objet. On y verse un peu d'eau pour couvrir le fond du cylindre; cette eau s'évapore et sature rapidement d'humidité l'air renfermé dans le cylindre. Afin de maintenir la fraîcheur de l'eau et de l'objet, on pourra additionner l'eau d'un peu de phénol.

Si l'on met en chambre humide un objet appartenant au groupe A *a*, il se formera très vite des petites gouttes

---

[1] Voir fig. 19 p. 89 dans la partie traitant des antiquités en bronze.

sur la couche de rouille; ou bien, les fentes et les pores de la rouille se couvriront de taches verdâtres, ou noires, ou brun jaune. Les gouttes se montreront généralement déjà dans les vingt quatre heures et elles augmenteront ensuite en grosseur et en nombre; mais s'il ne reste plus que des petites parties de fer métallique, et que ces parties soient entourées d'une couche de rouille épaisse et poreuse, capable d'absorber beaucoup d'eau, les chlorures de fer dissous n'apparaîtront à la surface sous la forme de gouttes ou de taches, qu'après un délai de dix à vingt jours. De ces phénomènes dûs à l'action de l'air humide, on peut conclure que l'objet sur lequel ils se sont produits, est métallique; qu'il contient des chlorures; que, jusqu'à un certain point, l'air peut pénétrer dans la couche de rouille; et que, conséquemment, l'objet ne pourra pas se maintenir à l'air atmosphérique ordinaire.

Un objet du groupe A *b* ne s'altérera pas dans la chambre humide, en tout cas, pas à la surface ou dans les couches de rouille externes et solides. Et si au cœur de l'objet il ne se trouve que la poudre brun jaune, il ne se produira aucun changement. Si, par contre, il s'y trouve encore un peu de sesquioxyde noir ou noir verdâtre désagrégé, ce petit reste se transformera à l'air humide en la poudre brun jaune. Toutefois, cette transformation sera sans conséquence au point de vue de la conservation de l'objet, vu que les couches d'oxyde ferrique externes et dures qui donnent à l'objet sa force et sa forme restent tout à fait inaltérables à l'air.

Les objets du groupe B qui ont encore une couche intacte de battitures, se maintiendront dans la chambre humide aussi bien que dans la terre où, pendant le long laps de temps qu'ils y ont séjourné, ils ont résisté à toute action venant du dehors. Ces objets sont métalliques, mais complètement protégés, et ils peuvent se conserver. Si, par contre, la couche de battitures n'a pas été absolument compacte, l'objet pourra être entièrement ou partiellement transformé, de la même manière que les objets du groupe A et, dans la chambre humide, il se formera des gouttes, ou bien des taches, si l'objet contient encore du fer métallique; mais il ne se produira aucun changement si tout le fer métallique a été transformé. L'apparition des gouttes ou des taches indique que l'objet ne se maintiendra pas, tandis que l'absence de ce phénomène fait voir qu'il se maintiendra.

Sur les antiquités en fer appartenant au groupe C et provenant de tourbières qui ne contiennent pas de forts acides ou des sels de ces acides, il se forme en chambre humide des gouttes recouvertes d'une pellicule brun jaune, ou noire, ou gris verdâtre. Mais ces gouttes ne grossissent pas, elles restent toutes petites, à peu près de la grosseur d'une tête d'épingle, et elles se dessèchent rapidement, et il ne reste ainsi que la pellicule d'oxyde semblable à une coquille ouverte et vide. Des gouttes se produiront de la même façon sur un objet en fer poli qu'on expose pendant quelque temps à l'air humide. Ces gouttes peuvent se former par la seule influence qu'ont l'oxygène, l'acide carbonique et l'eau sur le fer, et elles se formeront toujours dans l'air atmosphérique humide. Comme la pellicule d'oxyde qui se forme sur les objets trouvés dans les tourbières est poreuse, elle ne sera pas à même de protéger le métal.

Les objets en fer qui sont métalliques trouvés dans de l'eau douce ou de l'eau saumâtre, se comportent ou comme ceux trouvés dans les tourbières, ou comme ceux découverts dans la terre.

CONSERVATION DES ANTIQUITÉS EN FER

On l'a vu par ce qui précède, pour faire subir à chaque antiquité en fer juste le traitement le plus propre à assurer sa conservation, il est nécessaire de procéder à une classification. Mais de même que tous les objets ont besoin de subir un nettoyage superficiel pour les débarrasser de la terre qui y adhère ou du sable qui y est enrouillé, de même aussi est-il bon, autant en vue d'un traitement ultérieur que pour l'aspect de l'objet, de percer et d'enlever autant d'ampoules que possible, sans toutefois affaiblir ou déformer les objets. Et c'est ainsi que le fait que toutes les antiquités passent entre les mains d'un conservateur de musée, lui donne l'occasion de faire toutes sortes d'observations.

Dans certains cas et avec un peu d'expérience, on pourra aussi déterminer à première vue si un objet est encore métallique, ou si tout le métal est transformé; si un objet a une couche de battitures intacte, et, partant, qu'il se maintiendra, et ainsi de suite. Puis, au cours du nettoyage, il y aura aussi à tenir compte des renseignements positifs que peuvent donner les matières de toutes espèces qui sont enrouillées sur l'objet. Dans les tombeaux où ont été inhumés des corps non-incinérés, on trouvera souvent aux couteaux ou à d'autres objets analogues, le manche en bois plus ou moins bien conservé; des morceaux de cuir ou de vêtements, etc., qui ont été conservés du fait que la rouille les a transpercés et durcis.

Ici, c'est à l'archéologue à déterminer ce qui par le nettoyage doit d'abord être mis au clair, si c'est la surface même de l'objet ou bien les matières qui y sont enrouillées.

Dans les sépultures ayant renfermé des corps brûlés, on trouve souvent des objets auxquels sont fixés des fragments d'ossements ou des morceaux de charbon; par contre, on n'y trouve pas les matières organiques sus-désignées, ce

qui est visiblement une conséquence de ce que ces objets
ont été brûlés avant l'inhumation, et que ce ne sont que
des débris des bûchers funéraires qui les ont entourés.

Décapage

Le nettoyage se fait mécaniquement. La terre non
adhérente est enlevée avec des brosses tournant rapidement
et mises en mouvement par un moteur électrique devant
lequel se trouve également un ventilateur électrique tournant
tout aussi rapidement. On enlève les grains de sable fortement enrouillés aves des fraises trempées de différentes
grandeurs, pouvant être adaptées au moteur de la même
manière que les brosses. La meule de carborundum peut
aussi exceptionnellement être utile lorsqu'il s'agit d'ouvrir
une ampoule dure ou autres choses de ce genre.

Lorsqu'après le nettoyage on a mis de côté des objets
non métalliques, puis d'autres qui sont peut-être métalliques
mais qui peuvent se conserver, et enfin quelques autres qui
sont aussi métalliques mais qui ne peuvent pas se conserver,
il reste les douteux. On place ceux-ci en observation dans
la chambre humide. Les objets sur lesquels n'apparaîtront
ni gouttes, ni taches, résisteront à l'action de l'air et, s'ils sont
assez forts pour supporter un traitement mécanique comme
le sont les objets du groupe B a, ils pourront être conservés
sans autre mesure de précaution. Si, par contre, ces objets
sont fragiles comme la plupart des objets non-métalliques,
on les séchera à l'étuve pour les imprégner ensuite dans le
vide[1] à plusieurs reprises de vernis de celluloïd. Cette
opération les durcira sans pour ainsi dire changer leur
aspect.

Par contre, le vernis de celluloïd ne pourra pas être
employé lorsque l'objet est recouvert d'une épaisse couche

---

[1] Sur l'imprégnation dans le vide avec des matières dissoutes
dans des liquides volatils, voir: *Fr. Rathgen*, Die Konservirung von
Alterthumsfunden. I. 2e éd. p. 54 et suiv.

de matières d'origine organique qui ont peu de consistance,
car en séchant le vernis se retire, ce qui fait fendiller la

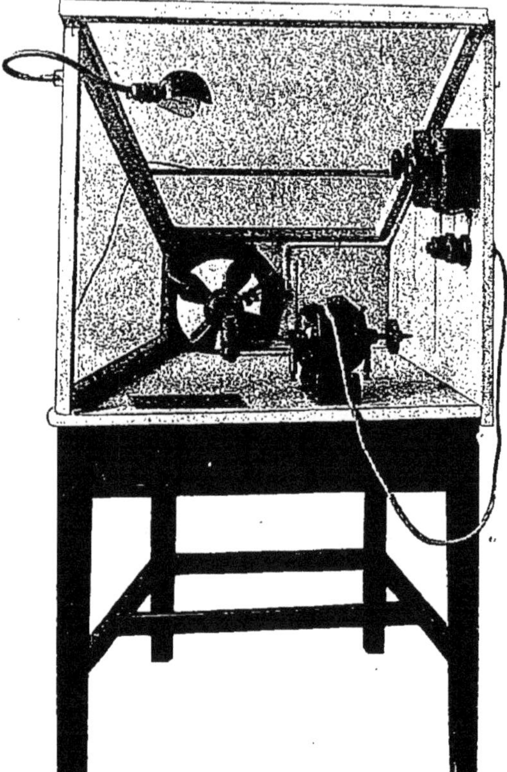

Fig. 5. ¹/₁₄. Table avec moteur électrique pour le décapage.

matière. Par l'addition d'un peu d'huile de pavot décolorée,
le retrait de la laque est un peu moins fort, mais s'il s'agit
de couches très poreuses, il est préférable de les imprégner
avec de la cire ou de la paraffine fondues, du vernis d'huile

de lin, ou avec du caoutchouc dissous dans un mélange de cire et d'essence de térébenthine.

Les objets en fer trouvés dans les tourbières sont lavés deux ou trois fois dans de l'eau distillée chaude additionnée d'hydrate de potassium, puis séchés à l'étuve et imprégnés de celluloïd ou de paraffine.

Il reste maintenant à traiter les quelques objets du groupe Aa qui sont en même temps les plus gros et les plus lourds, ainsi que les objets tant soit plus nombreux du groupe Bb et tous ceux du groupe Da.

Ce sont ces objets là qui ne peuvent pas se maintenir et pour lesquels il a été procédé à tant de vains essais pour les conserver d'une façon heureuse, c. à. d., sans enlever toute la rouille. Leur nombre, comparé à la totalité des objets en fer, répond à peu près au chiffre proportionnel des objets qui ne peuvent pas se maintenir malgré les lavages, ce qui fait aussi voir que le nombre des objets conservés par le lavage n'est en tout cas pas grand.

Ainsi qu'on l'a vu dans ce qui précède, il se trouve dans la couche poreuse de sesquioxyde et de protoxyde qui entoure le fer métallique, des chlorures solubles couverts de couches dures, compactes et en partie cristallines, qui ne sont perméables à l'eau qu'aux endroits où, dans la chambre humide, il s'est formé des gouttes. Il est clair qu'il est pratiquement impossible d'éliminer les chlorures par ces pores peu nombreux qui, le plus souvent, sont invisibles à l'œil nu, et il est probable que la formation de sels basiques augmente encore les difficultés. Pour arriver à éliminer les chlorures rapidement et sûrement, il faudrait pouvoir arriver à pénétrer facilement dans les couches internes, et empêcher la formation de sels basiques.

Or cela est possible, et on trouvera ci-après, pour traiter ces objets, une méthode qui réunit ces conditions.

Méthode de conservation

On commence par faire subir un traitement préparatoire soigneux aux objets ne pouvant pas se maintenir. Ce traitement consiste à les entourer d'un fil de fer très flexible[1], du genre de celui employé par les brossiers pour les petites brosses, et du papier d'amiante (fig. 7). On entoure en premier lieu de fil de fer les endroits où l'objet est fragile et peut-être sans métal, et ce, solidement mais sans presser; on le fait ensuite entrer dans les creux de la surface inégale de façon à ce qu'il suive autant que possible la forme de l'objet autour duquel on enroule ensuite une bande de papier d'amiante assez longue pour que partout il y en ait au moins deux couches. Enfin, on tourne autour de l'objet le fil de fer aussi serré que possible, de façon à ce qu'il n'y ait nulle part d'espace vide plus grand que trois à quatre millimètres. Les fils de fer devront çà et là être rattachés les uns aux autres afin qu'ils ne puissent pas glisser; finalement on les consolide en attachant un fil de fer un peu plus épais tout le long de l'objet, et on entoure les extrémités d'un fil de fer de deux millimètres d'épaisseur. Et pour peu qu'à la fois on ait à traiter plusieurs objets, ou même quelques uns seulement, on aura soin de les munir tous d'un numéro d'ordre estampé en fer.

Ainsi enroulés, les objets sont séchés à une température de plus de 100° C, et chauffés ensuite au rouge pendant au moins un quart d'heure. Par cette opération, un peu de chlorure ferrique est déjà éliminé sous forme d'un sublimé qui attaque le fil de fer, et il se dégage du chlorure d'hydrogène et des carbures. Encore rouges, les objets sont plongés à l'aide d'une pince à creuset dans une marmite en fer contenant une solution saturée à froid de carbonate de soude ou de carbonate de potasse qu'on fait chauffer jusqu'à l'ébul-

---

[1] De 0^{mm},3 (N° 33)

lition; la solution doit être maintenue bouillante pendant deux à six heures.

Par le chauffage au rouge des objets, le fer métallique se dilate plus que la rouille, et par là il se produit dans celle-ci des fentes très, très fines, et, par le refroidissement dans la solution de soude, le fer se contractant de nouveau, une partie de la solution pénètre dans les fentes et transforme le chlorure de fer en chlorure de sodium, ou bien, si l'on a employé de la potasse, en chlorure de potassium et en des hydrates de fer, réaction qui est parachevée par le recuit qui suit[1].

Il ne reste maintenant plus qu'à éliminer le reste des chlorures et à rendre de nouveau la couche de rouille impénétrable à l'air.

A cet effet on met les objets avec la solution de soude adhérente dans une grande quantité d'eau distillée qui sera portée à l'ébullition. Au bout de douze heures, on renouvelle l'eau, et on l'additionne de potasse purifiée dans l'alcool et exempte de chlorure, en quantité suffisante pour que l'eau accuse une réaction faiblement alcaline; ou bien, on y ajoute environ 50^{cc} d'une solution à 40° Bé dans 150 litres d'eau; puis on fait bouillir. On pourra aussi employer une quantité plus forte d'une solution de carbonate de soude ou d'eau de chaux.

Au bout de vingt quatre heures, on lave l'objet pendant une heure dans de l'eau distillée chaude sans aucune addition, et on le met encore chaud dans de la paraffine fondue qui sera maintenue à la température de 125° C aussi longtemps que les bulles de vapeur monteront à la surface, c. à. d. de six à quatorze heures. La température sera alors abaissée à 85° C, si la paraffine employée a son point de fusion à 56° C. On enlève ensuite l'objet, et on le place

---

[1] Le chauffage au rouge a aussi pour effet de faire prendre à la rouille une teinte un peu plus rougeâtre, du fait qu'elle a abandonné un peu d'eau. Cette teinte ne produit nullement un effet désagréable.

sur du papier à filtrer afin que l'excès de paraffine puisse
s'égoutter. Lorsque la paraffine s'est solidifiée, on débarrasse
l'objet .de son armature, et on enlève le surplus de la
paraffine par un chauffage fait avec circonspection sur une
flamme. Les ampoules de rouille qui auparavant étaient
trop dures et résistaient aux outils, se laissent alors en
général enlever facilement[1].

Assemblage des fragments

On procède ensuite à l'assemblage des fragments à l'aide
d'une pâte spéciale pour les objets paraffinés, faite d'après
la recette suivante:

Colophane	90 gr
Cire de Carnauba	180 —
Gutta-percha	300 —
Gomme ammoniacale	120 —
Gomme laque	120 —
Térébenthine de Venise. .	30 —

On fait fondre une à une dans une marmite émaillée
les diverses matières dans l'ordre indiqué ci-dessus en
ayant soin de remuer continuellement. On a préalablement
coupé en carrés grands d'un centimètre, les feuilles de gutta-
percha qu'on ajoute par petites portions à la résine fondue,
chacune de ces portions doit être entièrement dissoute
avant d'y en ajouter une. nouvelle. La gomme ammoniacale
finement pulvérisée s'ajoute aussi par petites quantités à
la fois.

---

[1] Les figures 6 et 8 montrent avant et après le traitement le
même fer de lance (Mus. Nat., No 776/14) que celui montré par la figure 7
avec l'armature de fil de fer.

Le fer métallique est seulement conservé dans la partie la plus
épaisse de la côte médiane. Quelques-unes des ampoules de rouille
étaient si dures qu'on n'a pu les enlever qu'après le traitement. D'autres
n'ont pu être enlevées parce que l'objet était creux au cœur.

Fig. 6. ²/₃.
Fer de lance:
Avant le traitement.

Fig. 7.
Le même pen-
dant le traitement.

Fig. 8.
Le même après
le traitement.

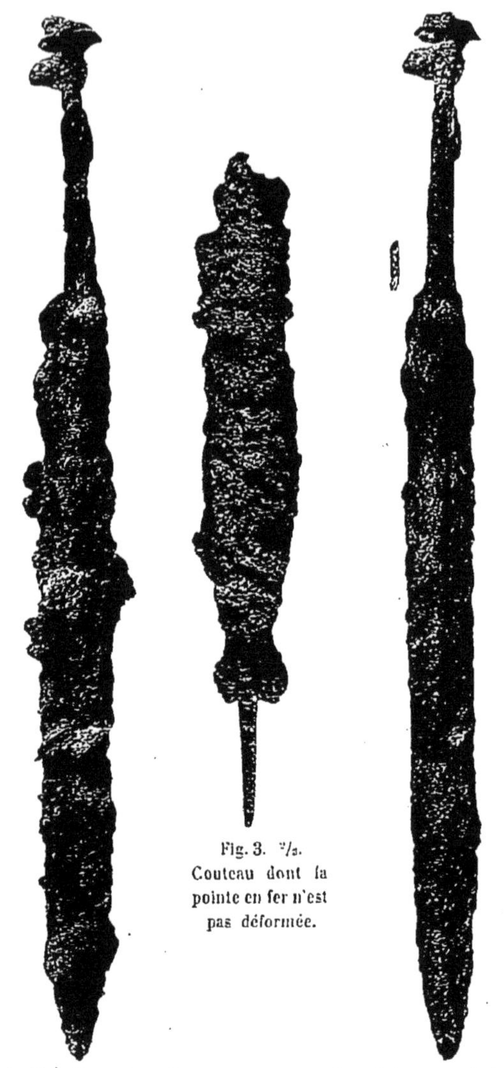

Fig. 3. ²/₃.
Couteau dont la
pointe en fer n'est
pas déformée.

Fig. 9. ²/₃. Epée dont la
couche de rouille a éclaté
au bout de la poignée.

Fig. 10. La même épée après
le traitement. A côté, le petit
morceau de fer enlevé.

On chauffe faiblement les cassures à la flamme, on y applique la pâte fondue et on tient les morceaux serrés l'un contre l'autre jusqu'à ce que la pâte soit durcie; puis on en gratte les rebords.

De 1913 à 1915, on a traité par cette méthode au Musée National 250 objets en fer qui étaient métalliques et qui renfermaient des chlorures.

Afin d'obtenir la plus forte action possible, pour rendre le fer passif, on a remplacé les carbonates de sodium et de potassium par une solution à 28° Bé d'hydrate de potassium purifié dans l'alcool. Cette solution contient environ 20 % de KHO, elle est pour ainsi dire exempte de chlorures et elle bout à 104° C.

Pour les premiers essais on a traité chaque objet séparément, puis on en a traité plusieurs à la fois en les portant au rouge couverts d'une feuille d'amiante sur une plaque de four fortement chauffée, puis on les a fait refroidir et ensuite recuire dans une marmite en fer non-émaillée. Les gros objets ont été chauffés, refroidis et recuits une seconde fois.

La même solution d'hydrate de potassium a servi plusieurs fois, aussi sa teneur en chlorures a-t-elle toujours été en augmentant; la troisième eau de lavage a régulièrement été exempte de chlorures, et, en continuant le lavage, aucune prise d'essai n'a contenu du chlore. Comme au cours du lavage l'eau a pu pénétrer largement dans les couches intérieures — on a fait l'expérience qu'au chauffage la couche de rouille devient plus poreuse aux endroits où elle couvre des chlorures, — l'objet est donc débarrassé de chlorures. Aussi tous les objets en question se sont-ils maintenus.

Mais on peut également arriver à ce bon résultat en employant une solution de carbonate de soude ou de carbonate de potasse, et comme on peut obtenir ces matières à peu près exemptes de chlorures plus facilement et à meilleur marché, ces solutions sont donc à préférer. Car, avec ces solutions aussi, la troisième eau distillée de lavage sera exempte de chlorures. On pourra s'en assurer à l'aide de la réaction habituelle par le nitrate d'argent. Mais il ne faut pas oublier que même un liquide de réaction alcaline ou contenant de l'acide carbonique louchit par l'addition de nitrate d'argent, et que la formation de chromate rouge d'argent n'a lieu que dans un milieu neutre.

Il faut donc avoir soin de les neutraliser et d'en expulser l'acide carbonique en y ajoutant de l'acide nitrique avant de l'additionner de nitrate d'argent. Si par suite de la neutralisation ces liquides devenaient troubles, il faudrait les filtrer avant de procéder à l'addition du nitrate d'argent. Si l'on ajoute tout de suite un peu de solution de phénolphtaléine, la réaction neutre est atteinte au moment où la couleur rouge disparaît, si elle ne réapparaît pas en faisant bouillir. Après addition d'un peu de solution de chromate de potassium, la première goutte de la solution de nitrate d'argent doit faire virer la couleur jaune verdâtre en un jaune rougeâtre et $0^{cc},1$ doit provoquer un ton rougeâtre. La teneur en chlore des alcalis utilisés peut être recherchée de la même manière.

Comme les chlorures par leur action sur le fer métallique détruisent les antiquités en fer (fig. 9), un objet se conservera tout naturellement après que le fer métallique en aura été enlevé (fig. 10).

C'est le cas pour l'épée qui n'avait pas été imprégnée (fig. 9) et pour d'autres objets imprégnés auparavant. La couche de rouille qui les recouvrait ayant éclaté de façon à mettre à nu les quelques restes de fer métallique qu'ils contenaient encore, on a assemblé ces objets en laissant dé côté les parties en fer, et ils se sont maintenus depuis.

ANTIQUITÉS EN BRONZE

ÉTAT DU BRONZE LORS DE
SA DÉCOUVERTE

Les antiquités en bronze proprement dit sont en général plus ou moins profondément transformées, lorsqu'on les retire de la terre. Les produits de cette transformation peuvent être soit: 1° une solution qui aura suinté dans la terre, ou qui aura été absorbée par une matière poreuse, placée à proximité, qui de ce fait a pris une couleur verte; ou 2° une poudre vert clair, peu homogène, qui présentement entoure l'objet de tous côtés; ou enfin 3° une matière solide, souvent cristalline, rattachée à l'objet, ce qu'on appelle patine.

La patine peut être très différente, et par son aspect extérieur, et par les matières dont elle est constituée. Le bronze peut non seulement avoir une patine différente lorsqu'il provient de fouilles diverses, mais chaque objet peut être recouvert d'une patine complètement hétérogène. Ce fait n'est qu'une suite naturelle de ce que, pendant leur long séjour dans la terre, les divers objets, et chaque objet aux différents endroits, auront été exposés, à un degré inégal, à des influences chimiques et physiques diverses.

Il ne serait peut être pas impossible de rechercher ces influences et d'en rendre compte dans tous leurs détails, mais au vu de l'étendue de ce travail, ce serait à peine utile. Par contre, il serait désirable de pouvoir déterminer avec le plus de certitude possible, quels sont les composés constituant la patine aux différents endroits, et jusqu'à quel point celle-ci se conservera sans altérations à l'air atmosphérique.

Chaque conservateur de musée d'antiquités se sera certainement posé souvent ces deux questions, car elles sont inévitables toutes les fois qu'on fait entrer un objet en bronze dans une collection. Aussi est-ce fort déconcertant de devoir dans beaucoup de cas renoncer à y répondre, et se contenter d'une appréciation approximative, alors qu'il serait peut-être possible de résoudre assez positivement cette question par le seul examen de l'extérieur des objets ou par un essai très court. Et c'est ainsi que des considérations de ce genre ont amené les recherches formant la base de ce mémoire.

L'objet peut-il se conserver ou non?

Par l'expérience on peut arriver à se faire une certaine idée au sujet de la conservation ou de la désagrégation à venir de tel ou tel objet. C'est ainsi que la poudre vert clair peu homogène bien connue indique que l'objet qui en est recouvert ne peut pas se conserver; mais il sera difficile d'estimer jusqu'à quel point et avec quelle rapidité la formation de la poudre progressera. Par l'expérience on sait aussi que tout objet trouvé dans les tourbières peut en général se conserver. Mais lorsqu'il s'agit d'une grande quantité de bronzes, il est impossible, en se basant sur la seule expérience, de savoir s'ils se conserveront ou non: car, ou bien la transformation a lieu à la surface de l'objet, et elle se fait alors si lentement qu'elle échappe à l'observation, ou bien, elle se fait sous une couverte de patine sans qu'on puisse le remarquer extérieurement.

On est cependant arrivé plus loin par les recherches chimiques assez nombreuses faites sur les bronzes et sur leur patine. Elles ont toutefois une lacune, car souvent on rencontre sur un seul et même objet des produits de transformation d'une composition très différente, de sorte qu'il est difficile, en prenant une seule analyse comme point de départ, de déterminer si la patine qu'on trouve sur d'autres objets correspond à celle définie par l'analyse.

Mais, lorsqu'il s'agit de conservation, il n'est heureusement pas nécessaire non plus de déterminer pour chaque cas la composition de la patine d'une façon aussi précise que l'indique une série d'analyses chimiques. Le principal ici est de pouvoir déterminer si la patine se maintiendra ou si elle ne se maintiendra pas, ce qui, dans la grande majorité des cas, revient à dire si elle renferme des sels susceptibles d'être attaqués par l'air humide.

Mais cela peut-il être déterminé en peu de temps?

Oui, on peut avec assez de certitude constater si une patine de bronze contient des sels qui peuvent être un danger pour la conservation des objets, c'est à dire, des chlorures cuivreux et cuivriques et des chlorures neutres provenant de la terre, ou si elle ne contient que de l'oxychlorure, ou aussi rien que des carbonates.

Aux endroits où l'air humide pénètre, les chlorures, soit dissous, soit transformés, s'écouleront et formeront des gouttes. De l'aspect différent de ces gouttes on peut tirer certaines conclusions en ce qui concerne les matières qui les constituent.

Par des essais en chambre humide[1], par une série d'analyses qualitatives, et par d'autres procédés dont il sera question plus loin, il a été établi que la patine formée par l'action des chlorures et celle formée uniquement par l'action de l'eau chargée d'acide carbonique peuvent en général être distinguées l'une de l'autre, soit par un examen immédiat de l'objet, ou par un simple essai. Ces deux sortes de patine peuvent se trouver sur le même objet.

---

[1] Sur la chambre humide, voir p. 33, et p. 89, fig. 19.

4

I. PATINE FORMÉE SUR LE BRONZE PROPREMENT DIT PAR L'ACTION DE L'EAU CHARGÉE D'ACIDE CARBONIQUE

La formation de la patine n'a pas pour autant accru le volume de l'objet, du fait qu'une partie des carbonates du cuivre ont été éliminés petit à petit par l'eau chargée d'acide carbonique, et qu'ils se sont déposés dans l'entourage de l'objet ou à sa surface, sous forme de poudre peu homogène, ou d'une croûte cristalline se laissant facilement enlever. Cette opération faite, on aperçoit la surface originelle de l'objet; elle est souvent unie et luisante, mais elle n'est plus métallique.

L'étain qui se trouve dans l'alliage absorbe de l'oxygène et de l'eau en formant de l'acide stannique, mais comme il n'est pas déplacé, l'objet ne se déforme pas. Le cuivre s'oxyde et se dissout. La solution se cristallise à l'intérieur de la masse poreuse d'acide stannique, et l'excès de la solution s'écoule.

Sous les carbonates cuivriques basiques qui souvent sont d'une texture cristalline, et qui, par suite de la présence d'acide stannique, sont d'un vert ou d'un bleu plus ou moins pâle, ou bien bruns ou gris grâce à divers mélanges, on trouve ou du métal luisant, ou une mince couche d'une poudre brun rouge qui n'est autre que de l'oxyde cuivreux. Par contre, on ne rencontre pas d'oxyde cuivreux cristallin.

A. Métal attaqué superficiellement

Si le bronze n'est attaqué que superficiellement, la surface métallique oxydée brille à travers la pellicule extrêmement mince de carbonate de cuivre basique, et la couleur de la patine du bronze devient par là d'un brunâtre foncé tirant sur le gris verdâtre.

Cette patine-là se trouve souvent à l'intérieur des chaudrons faits avec des feuilles de bronze et qui ont été déposés remplis d'aliments liquides dans des sépultures creusées dans la terre. Les sels de cuivre vert clair ou bleus se sont déposés en formant une mince croûte qu'on peut facilement gratter; ou bien, des gouttes de la solution des sels de cuivre ont coulé le long des parois du chaudron et y ont formé des raies qui ont fini en gouttes desséchées de carbonate cuivrique basique. Une série d'essais ont montré que ce sel renferme abondamment d'acide carbonique, mais pas de chlore.

B. «Patine antique»

Dans les bronzes plus profondément transformés, trouvés dans les champs, la patine est d'une couleur plus claire et plus franche, d'un vert tirant sur le bleuâtre, et qui souvent a le brillant de l'émail. C'est la superbe «patine antique» qui se forme du fait que, dans l'alliage métallique, le carbonate cuivrique a complètement remplacé le cuivre, tandis que l'étain s'est transformé en acide stannique et que l'excès de carbonate de cuivre a été éliminé par l'eau chargée seulement d'acide carbonique, ou contenant aussi de l'ammoniaque.

C. Patine d'acide stannique

Lorsque dans la terre il s'est trouvé les conditions voulues pour que le carbonate de cuivre soit éliminé d'une manière continue, l'étain reste dans l'objet à l'état d'acide stannique hydraté[1].

Ces conditions paraissent avoir existé lorsque les objets ont été entourés de diverses matières organiques, telles que cuir, tissus fins, restes d'aliments desséchés au fond d'un chaudron, bois de cercueil, ou aussi un fourreau autour d'une épée, etc. De même une violente élimination des carbonates du cuivre a aussi pu se produire là où dans les sépultures ayant renfermé des corps non-incinérés et une

---

[1] *Ohlshausen*: Verhdl. der Berliner Gesellschaft für Antropologi, etc. 1884, p. 524, et 1897, p. 344.

Schüler: Dingler Polytechnisches Journal, 1879, T. 232 p. 333.

quantité de matières organiques qui en se décomposant ont dégagé de l'acide carbonique, de l'ammoniaque, ou bien des carbonates d'ammoniaque, il y a eu pendant un certain temps des cavités où l'eau a pu se ramasser en flaques.

On a vu aussi des exemples où lors de l'extraction une patine d'acide stannique était recouverte d'une couche épaisse de quelques millimètres d'argile fin. On peut cependant admettre que cette couverte d'argile a été formée après que l'élimination des carbonates du cuivre a eu lieu, car, à d'autres endroits où une couche semblable s'était formée, le bronze était encore intact et métallique brillant. Ici c'est la couche d'argile qui a protégé le métal.

La forme des objets recouverts d'une patine d'acide stannique est complètement conservée, et sa surface, qui reproduit encore de fines raies provenant de la fabrication de ces bronzes, ou les marques du martelage, a un brillant d'un mat agréable. Dans une couche épaisse d'un millimètre environ, la couleur en est le plus souvent jaunâtre ou grise, suivant les matières qui se trouvaient délayées dans les eaux souterraines. Dans une couche grise, Schüler[1] a trouvé, entre autres matières, une quantité notable d'acide silicique.

Dans une désagrégation plus profonde, on trouve sous cette couche une couche d'acide stannique hydraté, blanche, grenue, pulvérulente et poreuse, d'où le sel de cuivre peut être presque entièrement éliminé, tandis que, dans les objets ayant un noyau métallique bien conservé, on peut voir tout près de celui-ci une couche d'une épaisseur d'un millimètre de carbonate cuivrique vert bleu non encore éliminé. Le noyau métallique est souvent fragile, et on peut parfois constater qu'il est brunâtre aux endroits où il y a formation de sel d'oxyde.

Quand tout le métal est transformé, le cœur du noyau

---

[1] *Schüler*, voir précédemment.

peut avoir pris une couleur vert bleu, ou bien, si l'élimination des sels cuivriques a été plus complète encore, la masse entière est devenue blanche.

Ces objets-là sont excessivement fragiles (fig. 11).

II. PATINE FORMÉE SUR LE BRONZE PROPREMENT DIT PAR L'ACTION SIMULTANÉE DE L'EAU CHARGÉE D'ACIDE CARBONIQUE ET DE CHLORURES

A. Métal attaqué superficiellement

Si dans les terrains contenant du chlorure de sodium on rencontre aussi souvent des antiquités en bronze qui sont peu attaquées, ou qui le sont d'une façon superficielle seulement, le motif en est que ces objets ont été protégés par une couverte d'autres matières joignant bien.

Dans une grand nombre de cas on a vu qu'un bronze pouvait avoir des parties plus ou moins grandes couvertes d'une patine chlorurée très irrégulière, avec du protoxyde de cuivre cristallin, des «verrues», dont on parlera plus loin, tandis que d'autres parties celles, par exemple, où du cuir a été fortement pressé sur l'objet, n'ont eu qu'une couche d'oxyde unie et luisante, de l'épaisseur d'une feuille de papier, et qui reproduisait exactement la forme originelle de l'objet.

------

[1] Mus. Nat., N° B. 8901. Provient de Vesterlund.

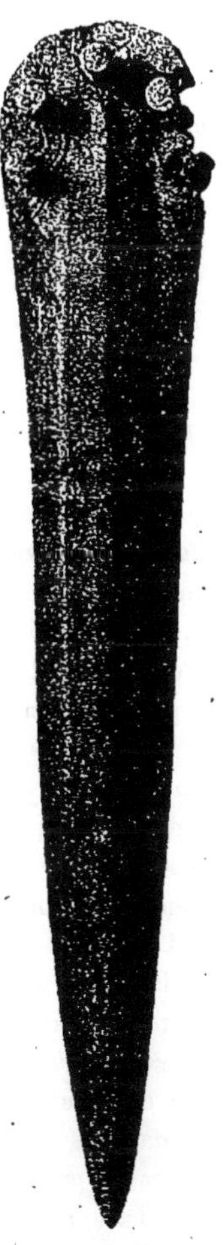

Fig. 11. ²/₃. Poignard constitué actuellement par de l'acide stannique[1].

Il est difficile de préciser jusqu'à quel point cette couche d'oxyde est un chlorure cuivrique basique ayant la composition de l'atakamite, ou bien un carbonate cuivrique basique du genre de la malachite: pour cela, les quantités des matières disponibles ont été trop faibles. Comme on le verra plus loin, le composé oxydé contient des chlorures, mais on n'a pas encore pu établir avec certitude si le chlore est combiné avec du cuivre, ou seulement avec du sodium.

C'est pourquoi il est difficile également de déterminer si le cuir a exercé une action protégeante, du seul fait qu'il a empêché mécaniquement l'eau de se déposer en gouttes à la surface du bronze et, en somme, d'avoir empêché l'accès de l'eau; dans les oscillations hygrométriques il a servi de filtre en répartissant, par une plus grande humidité, la faible solution de chlorure de sodium d'une façon égale sur une grande surface, et, par une humidité moins forte, en absorbant par ses pores la solution plus concentrée; ou bien encore, ce cuir a agi chimiquement — dans la plupart des cas d'une façon assez faible, il est vrai —, par la transformation qu'il a subie, et au cours de laquelle il s'est dégagé de l'ammoniaque, de l'acide carbonique, etc.

La corne, le bois, les tissus fins empêchent également l'oxydation à un degré plus ou moins haut, lorsque ces matières ont étroitement joint les objets. Aussi même dans la terre chlorurée, le métal n'est-il souvent devenu que noirci ou bruni.

Mais les matières inorganiques aussi — tel l'argile fin qui s'est déposé sur l'objet —, peuvent protéger les bronzes, même dans une terre chlorurée; et on a vu des exemples où le fil de bronze qui servait à assujettir une poignée à un objet en bronze, a si bien protégé l'objet, que la surface du bronze était encore complètement métallique luisante, alors que le fil de bronze n'était plus métallique.

B. Patine de protoxyde de cuivre

Quand l'eau saumâtre simultanément avec l'acide carbonique et l'oxygène, peut agir régulièrement sur de grandes surfaces, il se forme une mince couche verte d'atakamite; et, sous celle-ci, une couche rouge de protoxyde de cuivre cristallin. La surface du métal est luisante et d'un noir gris.

Contrairement aux espèces de patine dont il est parlé plus haut, ces deux couches se trouvent au-dessus de la surface originelle de l'objet, et elles ont été formées par des sels de cuivre transsudés.

Une série d'essais ont toujours fait trouver dans les deux couches de faibles quantités de chlorures à côté d'abondantes quantités d'acide carbonique.

a. lisse et unie

Dans les cas les plus heureux la nouvelle surface, quand elle est lisse et unie, reproduit assez distinctement les ornements estampés, mais la couche verte d'atakamite de texture cristalline a souvent conservé l'empreinte de l'étoffe dont l'objet était entouré. Les tissus grossiers auront ordinairement formé des cavités très rapprochées, ayant la forme de gouttes, dont les parois sont constituées par du chlorure basique et du protoxyde.

b. avec des soufflures en forme de gouttes

Sous les soufflures, la plus grande partie du cuivre est dissous et a disparu de l'alliage, de sorte qu'on ne trouve plus sous la couverte de patine qu'une couche d'acide stannique blanche, terne, grenue et pulvérulente; ou bien, si la teneur en sels de cuivre est plus notable, une couche verdâtre un peu plus compacte. Sous la couche d'acide stannique, ou dans celle-ci, il peut s'être formé plusieurs couches de protoxyde de cuivre cristallin.

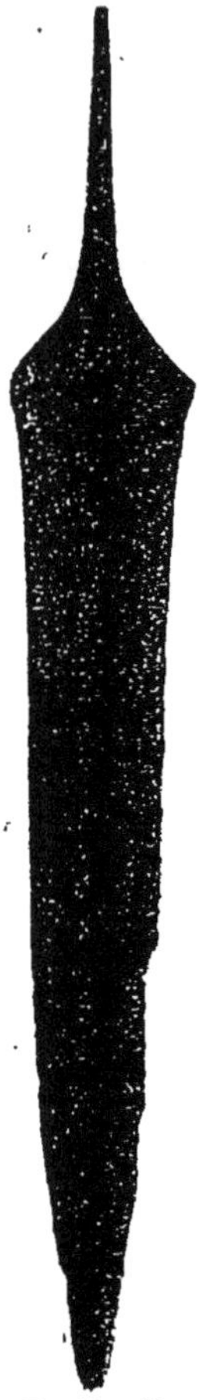

c. avec des mamelons

La patine de protoxyde de cuivre forme souvent comme de petits nœuds renflés ou des mamelons très rapprochés les uns des autres et constitués par du protoxyde de cuivre cristallin et de l'atakamite qui entourent une toute petite cavité ou un peu de chlorure cuivrique basique vert et dur (fig. 12).

La surface primitive

Si l'on fait sauter une patine de protoxyde de cuivre qui a des mamelons, on trouvera dessous la surface originelle de l'objet très bien conservée (fig. 13). Elle n'est plus métallique, mais elle peut avoir une couleur très brillante brunâtre, ou d'un noir gris. La matière qui s'est ainsi formée peut à certains endroits former une couche si mince que le métal luit au travers, à d'autres elle est plus épaisse. Dans une désagrégation plus prononcée, ou bien sur les objets d'une moindre épaisseur ou ceux ayant des bords saillants, ou aussi sur le tranchant et la pointe d'instruments coupants qui sont désagrégés d'outre en outre, il se produit une augmentation de

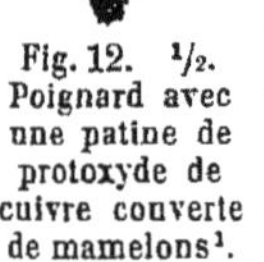

Fig. 12. ½.
Poignard avec une patine de protoxyde de cuivre couverte de mamelons[1].

Fig. 13.
La même après avoir fait sauter le protoxyde de cuivre.

---

[1] Mus. Nat. No B. 4051.

volume due à l'absorption d'oxygène, d'eau, de chlore, d'acide carbonique, de sodium, etc., sans que simultanément les composés de cuivre aient été éliminés complètement — comme c'est le cas pour la patine d'acide carbonique. Cet accroissement de volume a pour effet de former des fentes dans les couches externes, et de déformer ces objets à un tel point que la surface primitive ne pourra pas être reproduite.

d. avec des bosses

Il est une autre patine de protoxyde de cuivre qui extérieurement ressemble beaucoup à la patine inégale à mamelons décrite plus haut: c'est la patine à bosses basses et irrégulières, avec une couche mince de sel d'oxyde vert et une couche plus épaisse de protoxyde cristallin qui recouvrent un amas de matières ayant l'aspect de la stéarine, incolores, ou d'une couleur gris clair tirant sur le lilas [1]).

Matière stéarineuse

A l'opposé de l'acide stannique qui est mat avec une cassure granuleuse, cette matière a le brillant de la stéarine, et la cassure en est feuilletée et quelque peu transparente. Elle forme une masse compacte, mais pas dure, qui, lorsqu'on la coupe, donne de petites rognures blanches. Une surface lisse et polie est grise; elle est d'un rouge sang lorsque du protoxyde de cuivre est mélangé à la matière. Aux endroits où cette matière est en contact avec le métal, la couleur en devient d'un gris tirant sur le noir ou sur le lilas avec un brillant analogue à celui de la stéarine; et, pulvérisée, la couleur en est d'un vert olive parsemée de points blancs. Dans les cassures, cette matière a un léger éclat métallique, comme si d'innombrables grains de bronze y étaient semés.

Sur les bords d'amas plus conséquents, on voit quelquefois des cristaux de cuivre métallique.

---

[1]) Dans ce qui suit cette matière sera désignée sous le nom de matière stéarineuse.

C. «Verrues»

Pendant que ces différentes formes de patine se présentent comme une patine plus ou moins rugueuse contenant du protoxyde de cuivre qui le plus souvent recouvre l'objet tout entier ou une partie seulement, il en est encore une autre sorte avec d'autres protubérances, des «verrues»[1] qui sont constituées par les mêmes combinaisons, mais qui se forment isolément sur une patine sans protoxyde de cuivre. Se trouvent-elles en grand nombre et très rapprochées les unes des autres, leur apparence peut donner à cette patine une ressemblance avec une patine de protoxyde de cuivre. Vue de plus près, elle présente cependant des différences.

Les verrues sont des excroissances rondes ou conoïdes, dont les couches sont incomplètement disposées, et dont la hauteur et la grosseur sont directement proportionnées au nombre des couches. Elles sont normalement formées de protoxyde de cuivre cristallin, en couches interrompues entre lesquelles il peut se trouver un tant soit peu de chlorure cuivrique basique, et de même aussi un tant soit peu d'acide stannique. A la surface, à l'air, elles sont le plus souvent vertes. Les couches ne se touchent pas toujours étroitement, et souvent elles ne sont rattachées à l'objet que par un peu de protoxyde de cuivre. Chaque couche est souvent aussi mince que du papier à lettre, une infime fraction seulement d'un millimètre. Sur une verrue haute de 4^{mm} et large de $15^{mm} \times 10^{mm}$, originairement formée de huit petites verrues placées tout près les unes des autres, on a pu compter trente couches[2].

Si l'on enlève une verrue, on verra dans le renfoncement creux, en forme de coupe, qui a ainsi été formé dans le bronze, quelque peu de cette matière stéarineuse dont

---

[1] Dans ce qui suit désignée: verrues.

[2] Voir la plus grosse des verrues à gauche sur le bouton de l'épée, fig. 16, p. 77.

il est parlé plus haut sous bosses et qui noircit quand
elle vient à être en contact avec le métal, ou bien, il ne
s'y trouve que cette couche noire.

Qu'on s'imagine maintenant qu'à un certain moment
donné pendant la transformation d'un bronze dans la terre,
deux ou trois verrues se sont trouvées côte à côte, et que
la transformation du bronze a pu se continuer après qu'elles
se sont rejointes: elles se réunissent alors pour n'en plus
former qu'une, et elles continuent de croître en hauteur
et en grosseur. D'autres verrues originairement isolées
les rejoignent, elles croissent ensemble et, finalement, de
grandes parties de la surface du bronze sont transformées
en une masse informe et rugueuse à surface verte, mais
principalement constituée par du protoxyde cristallin, tandis
que d'autres parties de l'objet peuvent avoir encore une belle
patine luisante et unie, reproduisant exactement la forme
primitive de l'objet.

Epées dont les tranchants sont doublés

Qu'on s'imagine encore une épée de bronze transformée
des deux côtés par des verrues placées tout près les
unes des autres, à un moment où il ne se trouvait déjà
plus de métal le long du tranchant; les croûtes épaisses se
sont alors désagrégées toujours davantage, chaque fois
qu'il s'est formé une nouvelle couche de protoxyde cristallin et d'atakamite, et ces couches divergeant des couches
formées précédemment deviennent d'une circonférence de
plus en plus petite, du fait que le noyau métallique devient
plus petit. C'est ainsi que se forment les épées à «doubles
tranchants» (fig. 14).

Comme dans les verrues l'étain transformé en acide
stannique et mélangé au sel de cuivre, se déplace couche
par couche, comme le protoxyde de cuivre, et qu'il perce
la surface originelle, l'objet qui en est couvert sera complètement déformé.

Verrues lavées

Si les combinaisons de cuivre présentes dans une verrue de ce genre étaient dissoutes et éliminées, il resterait une verrue basse et blanche d'acide stannique disposé par couches. De telles verrues ne sont pas rares. Il semble qu'elles se trouvent le plus souvent avec des verrues ordinaires sur des objets ayant d'ailleurs une patine d'un beau luisant allant du bleu clair au vert pomme; ou bien elles se rencontrent sur un objet qui à d'autres endroits est couvert d'une patine de protoxyde de cuivre avec les soufflures en forme de gouttes, sous laquelle se trouve de l'acide stannique.

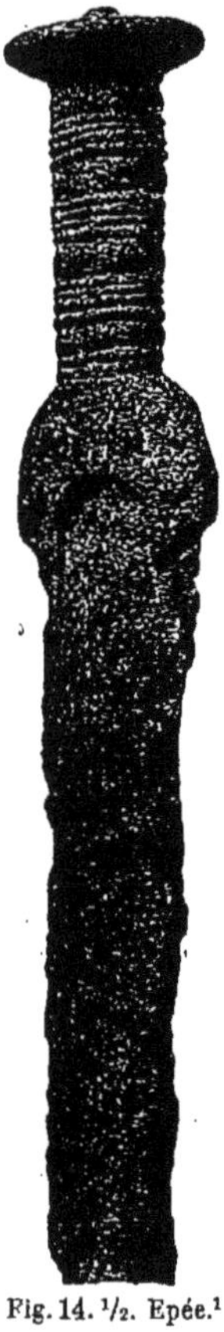

Creux

Mais si les couches d'acide stannique ne sont pas à même de tenir ensemble lorsque les combinaisons de cuivre auront été éliminées, la verrue tombera, laissant dans le bronze un creux rond ayant peut-être dans le fond quelques couches d'acide stannique. On rencontre aussi assez souvent de ces creux sur des objets qui, lorsqu'ils gisaient encore dans le sein de la terre, étaient couverts de verrues lavées.

La dissolution et l'élimination du protoxyde de cuivre ont dû avoir lieu sous l'influence de l'ammoniaque.

Ainsi qu'on l'a déjà fait remarquer, il est rare qu'un bronze soit couvert d'une patine tout à fait homogène. On peut trouver côte à côte des verrues, des bosses et des mamelons. Quelques verrues

Fig. 14. ¹/₂. Epée.[1]

---

[1] Mus. Nat. N⁰ 19044, provient du Jutland.

peuvent avoir été lavées, d'autres pas, et ainsi de suite.
C'est pourquoi il semble inutile d'en établir les différences, d'autant plus qu'il est souvent difficile par des observations immédiates d'en distinguer les différentes formes.

Mais ce qui ressort déjà de ce qui précède, et qui
ressortira plus clairement encore et d'une manière plus
précise par ce qui va suivre, c'est qu'il est nécessaire
d'avoir une connaissance exacte de l'état d'un bronze pour
juger comment il faudra s'y prendre pour conserver l'objet.

Pour obtenir cette connaissance un classement des
formes de patine très marquées, du genre de celui décrit
plus haut, sera utile, même si ces formes par leur origine
ou les matières dont elles sont constituées sont pareilles
dans les traits essentiels.

RÉACTIONS À L'AIR ATMOSPHÉRIQUE HUMIDE

Si on place en chambre humide[1] un objet en bronze à
patine d'acide carbonique, on n'y remarquera pas de changements les premiers temps, et plus tard, rien qu'une faible
formation de carbonate cuivrique.

Par contre une patine qui contient des chlorures ne
tardera pas à se révéler comme telle.

Après un séjour d'un ou deux jours dans la chambre
humide, la belle patine luisante et lisse qui se forme sur le
bronze lorsqu'il a été étroitement entouré d'une matière
organique — telle que le cuir — dans un terrain ayant absorbé des chlorures en solution, se couvrira de nombreuses
gouttes claires comme de l'eau, qui s'évaporeront lentement
et sècheront à l'air sec; ces gouttes accusent une réaction

---

[1] Voir p. 33.

neutre ou faiblement acide, mais dans aucun des nombreux essais effectués, elles n'ont accusé la présence de chlorures.

Sur la patine de protoxyde de cuivre, il se forme souvent aussi des gouttes claires. La couche d'oxyde ôtée, il se formera dans la chambre humide à la surface où le métal est noir gris, des gouttes d'un liquide clair qui peut prendre une teinte brunâtre; ces gouttes sont entourées d'une enveloppe mince, luisante et noire, ou bien elles seront recouvertes d'une peau plissée d'un gris mat, ou encore, là où il se trouve de petites parties de la matière stéarineuse d'un ton plus clair et plus franc, il se formera des gouttelettes humides recouvertes d'une pellicule verdâtre et luisante. Le liquide réagit ou faiblement ou fortement acide.

Là où le cuivre est dissous et éliminé, il ne se forme pas de gouttes, mais si une autre couche de protoxyde de cuivre se trouve sous la couche d'acide stannique, il se formera quelquefois des gouttes sur le métal lorsqu'on aura percé ces couches jusqu'à la surface métallique. Toutefois, comme la teneur en chlorures est généralement faible, le métal ne devient noir que lentement, sans qu'il soit possible, même à la loupe, de distinguer chaque goutte. Dans le délai de quelques mois cependant, il s'y amassera aussi de grosses gouttes qui couvriront la surface de l'objet, ou bien elles s'écouleront.

Si d'une bosse on enlève le protoxyde de cuivre de façon à ce que la matière stéarineuse soit mise à nu, et si l'on met l'objet dans la chambre humide, en moins de deux heures cette matière sera humide et d'un vert jaunâtre clair à la partie supérieure, et d'une teinte grise allant jusqu'au noir aux endroits où elle est en contact avec le métal ou le protoxyde. Si la matière stéarineuse se trouve au fond d'une verrue qui a sauté, il se formera de la même manière soit une poudre verte, humide, recouverte d'une pellicule, ou des gouttes noires, ou bien encore, une coloration noire du métal s'il n'y a pas d'amas de matières blanches.

Hache de bronze en chambre humide

A titre d'exemple je vais démontrer comment une hache de bronze qui provenait de l'Egypte[1] s'est comportée dans la chambre humide, et hors de celle-ci.   Elle avait une patine de protoxyde et une grosse bosse.

Dans la couche de protoxyde de cuivre qui était recouverte d'une couche d'atakamite se voyait l'empreinte de paille.   Une partie de cette couche avait déjà été enlevée auparavant.   Le métal était du bronze d'un jaune luisant[2].

La hache avait été retirée de la collection pour être préparée, parce que, au tranchant surtout, il s'était formé pendant le temps où elle avait été conservée au Musée une poudre verte, abondante, qui tombait.

Elle fut mise dans la chambre humide le 10 novembre 1913.

Voici les notes consignées à ce sujet dans notre journal.

Le 11 novembre. Retiré la hache de la chambre humide.   La couleur des grosses taches gonflées de poudre verte était d'un vert plus vif et plus franc que celui des taches plus petites qui s'étaient formées sur le bronze où il y avait une mince couche d'oxyde.   Il semble que ces petites taches ont la forme de gouttes recouvertes d'une pellicule; elles étaient d'un gris verdâtre clair, et à quelques endroits, elles étaient même d'un gris tirant sur le gris noir.

Plus tard: en creusant dans un des gros amas de poudre verte, on a vu que la masse de poudre verte gluante, humide, est séparée du bronze précisément par la couche

---

[1] Mus. Nat. Coll. des Antiq. No 6603.
[2] Voir l'analyse plus loin, p. 70.

grisâtre qui est gluante aussi. En étendant un peu de cette couche, qui a un millimètre d'épaisseur, sur une plaque blanche, et en la lissant avec une aiguille à dissocier, elle a pris une couleur noire tirant sur le vert olive foncé. Elle avait une forte odeur d'acide chlorhydrique.

Le 17 novembre. Aux endroits où cette volumineuse poudre verte se forme en quantité notable, on voit aujourd'hui que la couche de protoxyde cristallin recouverte d'une mince pellicule verte a été soulevée de la surface métallique par une matière blanchâtre, stéarineuse — comme celle des verrues —, sous laquelle on voit la couche noire, luisante (avec une poudre brun jaune). C'est la couche stéarineuse qui dans la chambre humide s'est transformée en poudre verte.

Le 19 novembre. Au bout d'un jour il s'était formé dans la chambre humide sur la matière blanche stéarineuse, aux endroits où elle était mise à nu, une couche d'une épaisseur de plus d'un millimètre de petites ampoules vertes et humides; on n'en voyait ni des grises ni des vert pâle.

La hache a été retirée de la chambre humide et provisoirement conservée à l'air du laboratoire.

Le 24 novembre. Près du tranchant de la hache se trouvait une grosse bosse d'un diamètre d'un à trois centimètres qui était en grande partie constituée par la matière stéarineuse. Cette matière a été mise à nu en faisant sauter le protoxyde de cuivre cristallin et l'atakamite qui la recouvraient. On a fait ensuite sauter une partie de la couche de «stéarine» pour en faire l'analyse[1]. Cette couche reposait sur le métal qui à cet endroit-là toutefois était transformé en taches d'une couleur rouge ou d'un gris tirant sur le noir.

Le long du bord de la tache gonflée où la couche d'oxyde était à peine détachée du métal, on voyait d'assez gros cristaux de cuivre métallique. A quelques endroits le pro-

---

[1] Voir l'analyse plus loin, p. 70.

toxyde cristallin avait pénétré jusqu'au centre de la couche stéarineuse, et à la surface de celle-ci on voit de petites taches d'un vert clair.

Le 25 novembre. La partie de la couche stéarineuse qui n'avait pas été enlevée de la hache avait aujourd'hui à la surface de la partie centrale de la bosse une couche toute mince d'un vert jaunâtre. Autour de la bosse, la couche stéarineuse sur une largeur d'un demi-centimètre, était encore d'un gris rougeâtre. Le partie qui aujourd'hui est vert jaune était hier d'un gris clair plus franc que celui des parties environnantes qui ont gardé cette couleur. Est-ce qu'il s'y trouverait de l'acide stannique?

Le 26 novembre. Il semble que partout les cristaux de cuivre sont séparés de la couche stéarineuse par une bordure d'un vert vif. Le protoxyde de cuivre parait être formé par la couche stéarineuse.

Le 27 novembre. La mince couche d'un vert jaunâtre qui s'était formée vers le milieu de la bosse, ne s'est pas étendue des côtés, et elle a à peine pris de l'épaisseur, mais elle est devenue d'un vert jaune clair, éclatant. Autour de la bosse la couche stéarineuse était toujours rougeâtre et mélangée à du protoxyde. Contrastant avec la couleur vert jaune du milieu de la couche, l'étroite bordure d'oxychlorure qu'on voit entre la couche stéarineuse et les cristaux de cuivre, est vert bleu. A d'autres endroits de la hache où un peu de cette matière stéarineuse se trouvait encore, celle-ci, à l'air, a aussi pris une faible teinte vert jaunâtre.

Le 28 novembre. Pas de changements dans la couche stéarineuse. Remis la hache en chambre humide pendant trois heures.

Au bout de ce temps, la surface de la couche stéarineuse était couverte d'un chlorure basique vert et humide. Au milieu elle était maintenant d'un vert plus foncé et plus franc. Tout autour, le vert était plus clair et légèrement grisâtre. (S'y trouverait-il de l'acide stannique?) Aux endroits où dans la couche stéarineuse il y avait eu un peu de protoxyde cristallin rouge, il s'était formé autour un étroit rebord noir gris qui, à la loupe, se présentait comme une suite d'ampoules paraissant avoir une couleur vert olive foncé. Ces ampoules avaient poussé en faisant saillie le long de la bordure de protoxyde de cuivre.

Le 29 novembre. La hache est de nouveau remise en chambre humide.

Les petites taches de protoxyde de cuivre furent bien vite entièrement couvertes d'ampoules vert foncé, et elles formèrent alors des taches saillantes vert foncé. A la limite de la couche stéarineuse, entre celle de protoxyde de cuivre qui l'entoure, il s'était aussi formé une bordure analogue d'ampoules saillantes vert foncé, autour de laquelle de petites ampoules plus claires, gris verdâtre, formaient tout près du protoxyde de cuivre une nouvelle bordure plus étroite encore.

Retiré la hache de la chambre humide. — Au bout d'une heure, les bordures et les taches vert foncé étaient devenues gris foncé et noires près du protoxyde de cuivre.

Le 3 décembre. La hache a été alternativement en chambre humide de jour, et hors de la chambre la nuit, à l'exception toutefois de celle précédant le trois décembre, où elle y était restée. La couche d'atakamite croissait rapidement à l'air humide, plus lentement à l'air sec. Les taches de protoxyde de cuivre s'étaient transformées, le protoxyde en avait disparu comme tel. La couche d'atakamite frangée d'un étroite bande noir gris s'étendait sur le métal et sous cette même couche devait probablement se trouver aussi une couche noir gris. Sur l'étendue de la surface débarrassée de la couche d'oxyde, il s'est formé petit à petit des taches vertes à plusieurs endroits et là se sont aussi montrées des gouttes humides vert foncé. La réaction était acide. Quelques petites gouttes étaient noires.

Le 4 décembre. La couche d'atakamite s'exfolie aussitôt qu'il s'est formé une peau mince dont la couleur verte paraît être plus claire du côté externe, et plus foncée du côté interne.

En enlevant un peu de la couche de protoxyde de cuivre aux endroits où la hache n'est pas particulièrement déformée, on voit qu'à peu près partout entre le protoxyde de cuivre et le métal se trouve, comme une sorte de peau mince, une couche du genre de celle décrite hier, à la différence près qu'elle est violette aujourd'hui (chlorure cuivreux? etc.: la couche stéarineuse). Des cristaux de cuivre métallique s'étaient déposés le long du bord de cette couche[1]. Remis la hache en chambre humide.

Le 5 décembre. La couche violette avait commencé à former, et un oxychlorure sous forme de poudre vert clair, et quelques gouttelettes vertes luisantes et humides, encloses dans une pellicule.

Le 9 décembre. Après avoir ôté en grattant l'atakamite de la bosse, on a vu que tout le protoxyde de cuivre présent dans la couche stéarineuse, et même le protoxyde qui se trouvait autour de la bosse et qui avait été recouvert d'atakamite humide, probablement mélangé à du chlorure cuivrique, s'étaient transformés en atakamite, et qu'ils avaient complètement disparu. Les cristaux de cuivre aussi étaient transformés. Au milieu de la bosse, tout près du métal, se trouvait encore un peu de matière stéarineuse non transformée.

Le 23 décembre. Les gouttes signalées le 5 décembre sont surtout nombreuses aux endroits où le métal est transformé en profondeur en une masse grise; elles sont moins nombreuses là où il ne se trouve sur le métal qu'une mince peau de protoxyde cristallin. Lorsque les gouttes s'évaporent, elles laissent de petites taches rondes et blan-

---

[1] *Fr. Rathgen* a analysé un cristal de ce genre, voir: Konservirung v. Alterthumsfunden, p. 34.

ches. Sur toute la partie du tranchant de la hache, auparavant gonflée et couverte de la couche stéarineuse qui ensuite avait été grattée, on voit maintenant en outre des taches et des gouttes plus grandes et d'un vert plus ou moins clair, quelques tout petits points clairs. Là où les taches vertes sont plus grandes, c'est à dire, là où la couche stéarineuse n'a pas été ôtée entièrement, l'oxydation paraît maintenant, pendant la séjour dans la chambre humide, se continuer en profondeur. Le métal devient noir et vert.

On peut admettre que, dans les gouttes
avec une croûte noire se trouve un chlorure cuivrique plus
   basique,
avec une peau grise   »   »   »   »   »
avec une croûte verte   »   »   »   »   »   moins
   basique.

Cette échelle, de même que la supposition que la croûte noire contient un sel plus basique, s'appuie sur une recherche de M. A. Krefting[1], qui a démontré que le protoxyde de cuivre mis en contact avec une solution de chlorure de sodium, se transforme à l'air en un chlorure cuivrique fortement basique.

Analyses[2]

Analyse qualitative: Dans la matière stéarineuse de la hache égyptienne (voir page 65), on a trouvé

$$Cu - Cl - \text{pas d'étain.}$$

En outre H^2O et des traces très faibles de Fe, Ca et Na. (Na n'a pu être décelé que par la coloration en jaune de la flamme).

Dans un petit fragment métallique de cette même hache, on a trouvé Cu et Sn.

[1] Christiania Videnskapernes Selskabs Forhandlinger 1892. Nr. 16, p. 5.
[2] Par M. Baggesgaard-Rasmussen.

La matiére stéarineuse d'une épée de l'âge du bronze[1]
a donné à l'analyse les résultats suivants:

Réactions qualitatives: Trouvé Cu et Sn, ce dernier en
quantité minime, mais franche. D'anions on n'a trouvé
que Cl.

Analyses quantitatives:

$$Cu — 1° \ 53, \ 90 \, ^0/_0 \ et \ 2° \ 54, \ 26 \, ^0/_0$$
$$Cl — 1° \ 25, \ 40 \, ^0/_0 \ et \ 2° \ 24, \ 60 \, ^0/_0$$

Un peu de protoxyde de cuivre rouge se trouvait mêlé
à la matière.

TRANSFORMATION
DANS LES TERRAINS SAUMÂTRES ET À L'AIR

Pour essayer de se former une idée de la transformation
du bronze à travers les âges pendant lesquels il a été en-
seveli dans le sein de la terre, il est nécessaire d'avoir à sa
disposition un grand nombre d'objets; et, par des observations minutieuses des produits de transformation, de leur
place dans leurs rapports réciproques et avec le métal,
d'établir l'ordre dans lequel ils se forment.

Comme on l'a vu précédemment, de nombreuses observations ont démontré que l'ordre normal de la place des
produits de transformation, en partant de la surface noir
gris, luisante, du métal à l'extérieur de l'objet, est: le chlorure cuivreux incolore, l'oxyde cuivreux rouge, et tout au
dessus, l'oxychlorure basique vert.

Tout près de la surface attaquée du métal, on verra
toujours le chlorure cuivreux qui a l'aspect de la stéarine
quand il est présent en quantité appréciable. On ne ren-

---

[1] Mus. Nat., Nr. 707/14. Provient de Taarnby (île d'Amager).

contre pas de chlorure cuivrique basique vert entre le chlorure cuivreux et le métal. Le chlorure cuivreux est toujours couvert d'oxyde cuivreux cristallin qui, lorsqu'on le frotte, devient rouge sang à la limite de la masse de chlorure cuivreux. Ce n'est qu'aux endroits où, ayant pénétré à travers la couche d'oxyde cuivreux l'air a lentement pu agir sur le chlorure cuivreux, que celui-ci s'est transformé en une masse de chlorure cuivrique basique vert. Dans de pareils cas, la masse incolore et plus molle de chlorure cuivreux peut toucher directement le sel d'oxyde vert, et le tout est couvert d'oxyde cuivreux recouvert d'un tant soit peu de chlorure cuivrique basique formé de sels transsudés.

Comme on pouvait s'y attendre, les combinaisons contenant moins d'oxyde sont plus rapprochées du métal, et celles qui en contiennent davantage, se trouvent dans les couches externes.

Celà signifierait-il que la transformation du cuivre s'est faite comme une oxydation progressive, ou bien, serait-il possible qu'il se soit d'abord formé un oxyde qui ensuite a été réduit en un protoxyde?

C'est à n'en pas douter le fait supposé dans la première hypothèse qui s'est produit, car, les rapports de place des produits de transformation et leurs rapports de quantité s'expliquent naturellement si l'on part de cette hypothèse, tandis qu'une réduction ne peut que paraître invraisemblable, et même impossible dans beaucoup de cas.

Le premier produit visible de la transformation du cuivre, le chlorure cuivreux, se trouve proche de la surface du métal et dans ses pores mêlé à de l'acide stannique, à des parcelles de métal et vraisemblablement aussi, à de faibles doses de protoxyde de cuivre et de chlorure de sodium, mais dans la masse compacte ayant l'aspect de la stéarine, il semble par contre, d'après l'analyse précitée, se manifester passablement pur.

Par la transformation lente du bronze sous la terre

où l'accès de l'air est limité, il ne se forme que des sels cuivreux.

La couche extérieure du chlorure cuivreux passera petit à petit à l'état d'oxychlorure cuivrique, ou bien, elle sera lavée lentement par les eaux saumâtres, le chlorure cuivrique disparaît et l'oxyde cuivreux reste, d'après la réaction suivante;

$$2\,Cu^2\,Cl^2 + O = Cu^2\,O + 2\,Cu\,Cl^2$$

Un simple essai suffira pour faire voir que le lavage du chlorure cuivreux de la surface de la masse, non-seulement est possible, mais qu'il doit forcément même s'opérer par la diffusion des eaux du sol dans le métal transformé, ce dont dépend la continuité dans la transformation. Si après avoir enlevé la couche d'oxyde cuivreux de la bosse d'un objet en bronze, de manière à dégager la masse de chlorure cuivreux, on met cet objet dans un récipient dans lequel on fait lentement couler de l'eau: la couche supérieure du chlorure cuivreux se convertira au bout de quelques heures en un oxyde cuivreux rouge.

L'oxydation à l'air humide du chlorure cuivreux en chlorure cuivrique basique, et le lavage du chlorure cuivrique dans l'eau aérée sont des phénomènes chimiques tellement connus, qu'il serait superflu d'en parler davantage[1].

Ce mode de formation tel qu'il vient d'être exposé, fournit l'explication des différences qui existent dans les patines formées dans les terrains chlorurés.

Ainsi qu'on l'a vu dans ce qui précède, les bronzes qui ont une couche mince de patine de chlorure cuivrique basique vert sur une surface métallique attaquée, ont été protégés par une matière fine et joignant bien. Si la matière qui les entoure joint moins bien, et si elle est à même de répartir les eaux saumâtres sur de grandes surfaces, il se forme une patine de protoxyde de cuivre.

---

[1] *L. Gmelin-Kraut*, Handbuch, 7e édit., t. V., p. 892.

La forme principale de la patine de protoxyde de cuivre, d'où peuvent dériver toutes les autres, est celle où la couche de protoxyde de cuivre et la couche d'oxychlorure vert qui le plus souvent est plus mince encore, couvrent du chlorure cuivreux formé en couches d'épaisseurs variées: la patine de protoxyde de cuivre avec des bosses.

Dans cette patine-là, les produits de transformation se trouvent à l'état et à la place donnés par le processus normal. Au fur et à mesure que par le métal il s'est formé du chlorure cuivreux sur le métal, la surface du chlorure cuivreux s'est couverte à son tour d'une couche de protoxyde de cuivre cristallin qui a protégé le métal contre une transformation plus profonde. Les sels transsudés forment tôt ou tard sur le protoxyde de cuivre un oxychlorure vert.

Le noyau métallique peut de ce fait avoir subi une transformation plus ou moins profonde, qui dépend de l'entourage de l'objet ou du métal même. Quant aux causes externes qui déterminent la force de l'attaque du métal, elles se résument, comme on l'a vu plus haut, dans la pénétration en quantités plus ou moins fortes des matières pouvant transformer les métaux.

Dans l'alliage métallique d'un bronze fondu, il se trouvera toujours de nombreux pores, petits ou grands. Par le martelage, le ciselage et le polissage, la surface de l'objet est le plus souvent devenue plus compacte et plus unie, et elle est par conséquent mieux à même d'empêcher longtemps une transformation en profondeur de l'objet. Les inégalités qui se sont produites dans la compacité de la patine déjà formée peuvent aussi influencer la marche ultérieure de la transformation. Mais à peine les eaux souterraines ont-elles pénétré dans le métal, que ses pores s'agrandissent petit à petit et, suivant les circonstances, ils s'ouvrent de plus en plus, ou se remplissent de chlorure cuivreux, d'oxyde cuivreux, etc. A l'air humide il se forme en quelques heures sur les cassures fraîches, des taches humides, noires, grises, ou vertes, suivant que le chlorure cuivreux a été plus ou moins mélangé avec des oxydes de cuivre et d'étain.

Le fait que parfois on trouve dans une patine chlorurée des cristaux de cuivre métallique, est indubitablement dû à la réduction par l'étain du chlorure cuivrique dissous. Par contre, il est douteux que l'étain dans le bronze soit actif dans la formation de l'oxyde cuivreux cristallin. Cependant, il peut se faire que l'étain agisse quand, à l'air sec, la couche stéarineuse forme sur le bord des taches d'acide stannique un oxyde cuivreux rouge ou un oxyde cuivrique noir[1].

La patine de protoxyde de cuivre avec de petits mamelons qui peuvent ou être creux, ou renfermer un peu du chlorure cuivrique basique, vert et dur, mentionné plus haut, ne renferme que très peu de la matière stéarineuse, néanmoins l'oxydation du noyau métallique est souvent très avancée. Cette patine se forme probablement sous l'action d'eaux peu saumâtres qui ont eu largement accès dans l'objet. L'air ayant pu arriver à la masse stéarineuse aux endroits où le protoxyde de cuivre cristallin ne l'a pas jointe étroitement, a lentement transformé cette masse en la masse verte et dure d'oxychlorure cuivrique. Par contre, tout le chlorure cuivreux a été éliminé des mamelons là où il y a des cavités, si bien qu'il ne reste actuellement que de l'oxyde cuivreux. Dans le noyau métallique se trouvent seulement quelques traces de chlorures solubles.

Sous la surface originelle d'un bronze, le cuivre est souvent dissous et éliminé aux endroits où la patine de protoxyde de cuivre est tant soit peu lisse et unie, ou à ceux où se montrent les soufflures en forme de gouttes, de sorte que, comme sur les bronzes couverts d'une patine formée par l'eau chargée d'acide carbonique, on rencontre

---

[1] La circonstance que la patine de protoxyde de cuivre n'apparaît pas sur les antiquités en cuivre n'est pas sans indiquer aussi que l'étain est un principe actif dans la formation de l'oxyde cuivreux cristallin.

des couches minces constituées par de l'acide stannique blanc, auxquelles les sels de cuivre peuvent donner une coloration verdâtre lorsque l'élimination a été moins complète. Ces objets-là portent l'empreinte d'une action alternative d'eau chargée d'acide carbonique sans chlorures en solution, et de cette même eau avec des chlorures. En règle générale, ils ont été entourés dans la terre d'une quantité de matières organiques, telles que tissus, bois, et autres semblables.

La dissolution et l'élimination du chlorure cuivreux au fur et à mesure qu'il se forme en présence d'une solution de chlorure de sodium, peuvent aussi avoir lieu aux endroits où les eaux sont très saumâtres et où elles sont abondantes. A ces endroits-là, il n'est pas rare de rencontrer des bronzes qui actuellement ne sont plus constitués que par de l'acide stannique blanc, mais qui sont entourés d'une quantité notable de chlorure cuivrique basique vert.

Les verrues peuvent avoir été formées de la manière suivante: Aux endroits où une matière fine et joignant bien a protégé le bronze contre l'attaque des chlorures dissous, il y a eu à certains points de petites cavités formées peut-être du fait que des grains de sable ou autres matières semblables ont pu pénétrer jusqu'au bronze. Par une humidité moins grande il a pu s'y former des gouttes d'une solution de chlorures plus concentrée, ou aussi peut-être des cristaux de sels de cuivre, tandis qu'à une humidité plus forte, elles se remplissent d'eau moins saumâtre. De même les endroits qui confinent à deux parties de la surface d'un bronze dont l'une a été étroitement entourée, et l'autre moins, offrent les conditions voulues pour provoquer à quelques points isolés une violente action des chlorures. (Fig. 15 et 16).

C'est là que se forme alors une faible partie de la masse insoluble de chlorure cuivreux qui, à la surface, se transforme par un lavage en un oxyde cuivreux. A la suite de l'attraction capillaire, la solution de chlorure de sodium a pénétré à travers la couverte poreuse et forme encore plus de chlorure cuivreux qui en s'accroissant détache le chlorure cuivreux premièrement formé de la surface métallique, de façon à former une fente qui mettra à nu et le chlorure cuivreux, et le métal. Le chlorure cuivreux pourra ou être oxydé par l'air et converti en un chlorure cuivrique basique vert, ou bien, si l'humidité de l'air est assez grande, il pourra être lavé, et il se formera de l'oxyde cuivreux. Sur le métal il se formera de nouveau du chlorure cuivreux qui petit à petit s'accroîtra

Fig. 15. ²/₃.
Bracelet couvert d'une patine à verrues sur un de ses côtés[1].

sous la croûte d'oxyde cuivreux dernièrement formée, et par là, arrivera à la détacher du métal; puis il se formera une nouvelle fente, et ainsi de suite. A la suite de ces transformations et de ces éclatements répétés, la verrue croîtra en hauteur et en largeur. Les couches protectrices formées par d'autres matières, seront de plus en plus soulevées, et elles feront place à de nouvelles verrues.

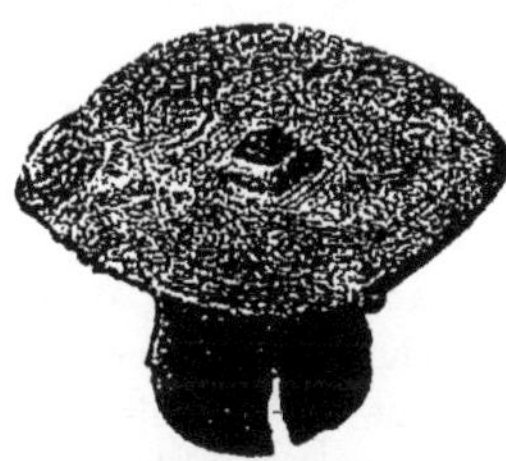

Fig. 16. ³/₄.
Bouton d'une épée avec des verrues à la limite d'une patine de protoxyde de cuivre et d'une patine unie[2].

[1] Mus. Nat. Nº B. 9703. Provient de l'île de Bornholm.
[2] »   »   » Nº B. 9987. Provient de Haraldsted.

Théorie de la réduction

Si petit à petit l'allégation que l'oxyde cuivreux cristallin est formé par la réduction d'un chlorure cuivrique basique, paraît être devenue généralement admise, on le doit certainement à la circonstance qu'on n'avait pas constaté que le chlorure cuivreux se trouvait toujours dans la patine et toujours directement sur le métal; et probablement aussi, à la manière générale de voir que le protoxyde de cuivre cristallin est formé uniquement par l'action de l'eau chargée d'acide carbonique. Dans quelques cas, il est vrai, la présence du chlorure cuivreux a bien été constatée, mais alors on ne s'est pas rendu compte de son importance, ni de la place qu'il occupe dans la série des transformations.

C'est ainsi que déjà M. Chevreul[1] parle d'une couche verte sous laquelle se trouve une masse rougeâtre: «sous cette couche rougeâtre on voit une masse tendre qui prend le brillant métallique du bronze dès qu'on la frotte légèrement»... «Les statues étaient couvertes de sable du désert». Il a aussi vu la masse rouge sang, et dans cette masse il a trouvé en dissolvant dans l'acide nitrique un chlorure qui «paraît être du chlorure cuivreux». Il ne dit pas comment la transformation peut avoir eu lieu.

Par contre, se basant sur une suite d'essais et d'analyses des bronzes et de leur patine, sans cependant avoir fait aucun essai pour isoler chaque produit de transformation, M. Berthelot[2] a établi la théorie que l'oxyde cuivreux cristallin se forme simultanément avec un sel double de chlorure cuivreux et de chlorure de sodium, par l'action

---

[1] Comptes-Rendus hebdomadaires des séances de l'Académie des Sciences, 1856, p. 733.

[2] J. de Morgan, Fouilles à Dahchour, Mars-Juin 1894, p. 131, sous le titre: M. Berthelot, Etude sur les métaux qui composent les objets de cuivre, de bronze, d'étain, d'or et d'argent, découverts par M. de Morgan dans les fouilles de Dahchour ou provenant du musée de Gisèh.

d'une solution de chlorure de sodium sur le cuivre métallique et sur le chlorure cuivrique basique formé auparavant, réduction exprimée par l'équation suivante:

$$3\ Cu\ O,\ Cu\ Cl^2,\ 4\ H^2\ O + 4\ Cu + 2\ Na\ Cl =$$
$$Cu^2\ Cl^2,\ 2\ Na\ Cl + 3\ Cu^2\ O + 4\ H^2\ O.$$

Après cela on pourrait s'attendre à trouver un certain rapport entre la quantité du chlorure cuivreux et de l'oxyde cuivreux simultanément formés, et ce rapport ne serait certainement pas changé de beaucoup par les autres réactions de M. Berthelot, excepté dans les cas où une couche épaisse de chlorure cuivrique basique se serait formée. Comme il ressort de ce qui précède, les deux combinaisons cuivreuses se trouvent dans toutes les patines dans des proportions très variables et sous une couche très mince de chlorure cuivrique basique.

On verra facilement aussi, en examinant un bronze à part, qu'une formation d'oxyde cuivreux due à l'action d'une solution de chlorure de sodium s'exerçant simultanément sur le cuivre métallique et le chlorure cuivrique basique vert, n'est guère admissible, vu que dans les bosses et les verrues ces deux corps sont souvent séparés par une couche épaisse d'oxyde cuivreux ou de chlorure cuivreux. De plus, le chlorure cuivreux de la couche stéarineuse ne s'y trouve pas sous forme d'un sel double avec le chlorure de sodium. Et pourquoi l'oxyde cuivreux se formerait-il toujours sur le chlorure cuivreux, si sa formation ne dépendait pas justement de l'action simultanée de l'air et de l'eau?

Dans les pores assez grands du noyau métallique, il peut bien, il est vrai, se trouver parfois des cristaux d'oxyde cuivreux à côté du chlorure cuivreux; mais en cela il n'y a rien qui puisse affaiblir la supposition d'un lavage, seulement, il est possible qu'un tant soit peu du chlorure cuivrique tiré de la matière stéarineuse ait de nouveau été réduit par le cuivre en chlorure cuivreux. Le chlorure cuivrique basique vert n'est en contact avec le noyau métallique qu'aux endroits où l'on peut constater que l'air a eu librement accès. A ces endroits-là, où le chlorure cuivrique basique vert est en contact avec le métal, il devrait, selon Berthelot, se trouver des conditions particulièrement favorables à la formation de l'oxyde cuivreux cristallin: or cet oxyde ne s'y trouve pas.

Transformation à l'air

Un cycle d'oxydation et de réduction alternées qui se produirait sur les bronzes conservés dans les musées et qui serait uniquement entretenu par la petite quantité de chlorure de sodium qu'ils auraient absorbée de la terre, devrait pouvoir se remarquer sur les objets soumis à de longues périodes d'observations. Mais la transformation qui a été observée ne se manifeste que de deux manières: 1° par une patine belle et luisante qui s'écaille et se désagrège, et 2°, par une patine inégale et rugueuse qui s'effleurit en formant une poudre volumineuse vert clair. Il ne se forme pas d'oxyde cuivreux cristallin, et lorsqu'une verrue se détache et tombe, ce n'est pas du chlorure cuivreux nouvellement formé qui se trouve dessous, mais du chlorure cuivrique basique.

Ces deux formes de désagrégation sont dues à l'action de l'air humide en premier lieu sur les sels qui se trouvent dans les couches externes les plus exposées à l'air (sans que le métal soit attaqué), et plus tard aussi sur les couches internes.

Dans le premier cas, il semble que c'est le chlorure de sodium qui, en se dissolvant et cristallisant par le même mécanisme que celui observé sur les pierres calcaires et autres matières semblables trouvées dans la terre, rompt la pellicule externe, mince et imperméable de la patine. Une transformation de la couche externe due à une réaction chimique semble cependant avoir lieu aussi. Dans le second cas, c'est la masse de chlorure cuivreux déjà formée dans la terre qui, sous une couverte perméable d'oxyde cuivreux, se convertit à l'air humide en chlorure cuivrique basique, formant ainsi les taches vertes bien connues.

A la première attaque il ne se convertit en chlorure cuivrique basique vert qu'une mince pellicule de la masse de chlorure cuivreux pareille à celle qui se trouve dans les grosses bosses et qui peut avoir jusqu'à plusieurs millimètres d'épaisseur. Au moment où le chlorure cuivreux passe à l'état d'atakamite, du chlorure cuivrique entre aussi en solution[1]. Cette solution ne vient pourtant pas de sitôt en contact avec le métal, étant donné que la masse de chlorure cuivreux l'en sépare, mais bien probablement avec l'oxyde cuivreux cristallin qui se trouve le long du bord des bosses, et avec lequel elle formera un oxychlorure d'un noir verdâtre tirant sur le noir. Pour peu que l'air humide n'ait que faiblement accès, le chlorure cuivreux se convertira lentement jusqu'à une certaine profondeur en un chlorure cuivrique basique, vert et dur[2], qui arrêtera la transformation. Mais si l'air humide y pénètre abondamment, les couches vertes, minces et humides, se détacheront les unes après les autres, et lorsqu'à la fin le chlorure cuivreux qui est près du métal ou dans ses pores se transforme, la solution de chlorure cuivrique passera avec une quantité minime de cuivre à l'état de chlorure cuivreux qui s'oxydera comme le reste en chlorure cuivrique basique, oxydation qui terminera la série des transformations.

A l'intérieur du noyau métallique ne se trouvent que des traces de chlorure de sodium. Si l'air humide y peut avoir accès, il se formera sous l'influence de l'acide carbo-

---

[1] Après l'extraction du sein de la terre d'une épée (Mus. Nat. No 581/15) provenant de Grærup — la solution de chlorure cuivrique avait traversé la terre fixée sur l'épée dans le voisinage de verrues, si bien qu'elle avait formé des taches pareilles à des taches d'huile. Voir aussi p. 85.

[2] Voir page 58 sous: Patine de protoxyde de cuivre avec des mamelons.

nique et des oxydes de cuivre[1], un oxychlorure pareil à celui renfermé dans les gouttes noires formées dans la chambre humide, et c'est alors que pourra peut-être commencer le cycle des transformations dont Berthelot, par ses expériences, a prouvé la possibilité dans ces conditions. Mais il est difficile d'établir si ce cycle a réellement lieu. En tout cas il se poursuit si lentement que même après plusieurs années il ne se manifeste pas sur les bronzes conservés à l'air libre, tant soit peu sec.

Dans quels cas est-il nécessaire de traiter les bronzes?

Les cas où l'on peut dire qu'il est nécessaire de faire subir un traitement aux bronzes, sont ceux où une patine belle et luisante est menacée, et ceux où, à un moment donné, comme par exemple à la suite de changements brusques et assez grands dans la température et les degrés d'humidité de l'air, une patine moins belle serait exposée à une rapide destruction. En outre, il sera bon de les traiter superficiellement au moyen de l'imprégnation, quand on peut craindre que tôt ou tard des influences chimiques ou physiques quelconques n'endommagent les bronzes, c'est à dire, dans tous les cas où une patine chlorurée ne réclame pas un traitement à fond, et dans tous ceux où les objets sont fragiles.

Quand une belle patine se trouve menacée d'une rapide destruction, la cause en est, dans beaucoup de cas, le fait d'avoir négligé de décaper l'objet immédiatement après son extraction du sein de la terre. Cette patine-là est celle qui se forme sur les bronzes ayant été étroitement entourés dans la terre, de cuir ou d'autres matières semblables. Ces matières poreuses ont absorbé le chlorure de sodium qui y était confiné; et lorsqu'avec le bronze il arrive au contact de l'air, ce chlorure, sous l'influence des variations survenant

---

[1] Voir: *M. Berthelot*, Etude citée plus haut, page 78, formule de réactions.

dans l'état hygrométrique, pénètre dans la couche de patine et la rompt. Après un nettoyage superficiel, un lavage dans de l'eau coulant lentement ou de l'eau souvent renouvelée, pourra ordinairement empêcher la destruction de ces bronzes.

Mais les métaux «malades», — ceux qui sont atteints de la maladie que les archéologues désignent sous le nom de «rogna» ou «carie» et que j'appellerai «éruption» —, ne se guérissent pas par l'eau, car le lavage n'enlève qu'une toute petite partie des chlorures qui sont la cause de la maladie. Le recuit avec des carbonates de sodium et de potassium, tel qu'on le pratique dans les musées français, n'y remédie pas davantage, étant donné qu'une mince couche externe seulement est influencée et transformée par l'action des carbonates. En suivant les méthodes recommandées par le Dr. Finkener, Berlin, et M. A. Krefting, Christiania et que le professeur Fr. Rathgen[1] a signalées, on arrive bien, il est vrai, à éliminer les sels dangereux, mais aussi toute la patine, de sorte que dans la plupart des cas, il ne reste qu'une antiquité très peu attrayante. En outre, les réactifs employés comme électrolytes ne se laissant éliminer que difficilement dans certains cas, peuvent ainsi donner lieu à de nouvelles transformations.

Par contre, un traitement mécanique ayant pour but de débarrasser un bronze des excroissances dont il peut être couvert, est tout à fait recommandable; et s'il est fait avec soin et circonspection, l'extérieur de l'objet y gagnera considérablement. Mais comme cela m'entraînerait trop loin, je ne donnerai pas ici de règles pour déterminer jusqu'à quel point et dans quelle étendue peut se faire ce décapage qui n'a pas d'autre but que de rendre à un bronze sa forme originelle et la faire ressortir. Toutefois un décapage mécanique peut aussi avoir son utilité comme traitement préparatoire en vue de la conservation des antiquités en bronze.

---

[1] Handbücher der Königlichen Museen zu Berlin, *Fr. Rathgen*, Die Konservirung von Alterthumsfunden, 1898, p. 107, 108 et suiv.

La patine à «éruption» est la patine de protoxyde
de cuivre à bosses

La patine qui s'effleurit, maladie contre laquelle on n'a pas jusqu'ici trouvé de remèdes efficaces pour la combattre, est la patine de protoxyde de cuivre à bosses, telle qu'elle est décrite p. 59. C'est la masse stéarineuse qui sous l'influence de l'air humide vient à rompre la couche perméable de protoxyde de cuivre cristallin tout en formant du chlorure cuivrique basique. Tous les bronzes recouverts de cette patine-là ont besoin de traitement pour pouvoir se maintenir.

Les bronzes couverts d'une patine à verrues peuvent aussi dans quelques cas avoir besoin de traitement, mais si ces objets sont conservés dans de bonnes conditions, à l'air sec et une température égale, les verrues se maintiendront intactes la plupart du temps pendant un grand nombre d'années. C'est ainsi que sur diverses antiquités en bronze couvertes d'une patine à verrues et conservées au Musée National depuis une cinquantaine d'années environ, on n'a pas remarqué d'altération appréciable.

Aussi cette patine-là, tout comme les autres patines chlorurées dont il a été question plus haut, n'a-t-elle besoin de traitement que dans certaines circonstances, comme par exemple, lorsqu'à la suite d'un décapage mécanique la masse de chlorure cuivreux a été mise à nu, ou que, du fait d'une oxydation à cœur, le noyau métallique est constitué par des parcelles de métal isolées, entourées de la matière grise, brillante, et qu'il est à craindre que l'air humide vienne à y pénétrer.

Comme on l'a vu, le traitement mécanique ne peut servir qu'à rendre les objets propres à recevoir l'application de la partie essentielle du traitement. L'enlèvement des chlorures nuisibles est une condition essentielle pour assurer la conservation des antiquités en bronze; mais cette opération peut se faire sans entraîner la destruction de la belle patine. Le procédé à employer pour obtenir ce résultat est le suivant.

PROCÉDÉ POUR ASSURER LA CONSERVATION DES ANTIQUITÉS EN BRONZE

Comme on l'a vu plus haut, ce qui se produit quand le bronze s'effleurit, c'est que la masse de chlorure cuivreux passe, à l'air humide, à l'état de chlorure cuivrique en solution et d'oxyde cuivreux. Ces deux corps réagissent entre eux et, par une oxydation ultérieure, il se forme un chlorure cuivrique basique.

Mais qu'on enlève la solution de chlorure cuivrique au fur et à mesure qu'elle apparaît: il ne se formera pas de chlorure cuivrique basique, ce qui, lorsqu'il s'agit d'une masse tant soit peu notable de chlorure cuivreux, mettra obstacle à l'achèvement du processus; et c'est en opérant ainsi qu'on évitera les chlorures nuisibles.

Nombre de métaux réduisent en cuivre métallique le chlorure cuivrique dissous. En donnant à l'air humide accès à la masse de chlorure cuivreux, et en mettant les gouttes de la solution de chlorure cuivrique en contact avec de l'étain, de l'aluminium, du zinc, etc., le cuivre métallique se précipitera en cristaux, et le chlore ira au métal réducteur. La masse de chlorure cuivreux se transformera en cuivre métallique et en un chlorure soluble d'un des métaux sus-nommés; parfois aussi on y trouve du protoxyde de cuivre en minime quantité.

Cette méthode a été mise en pratique au Musée National de Copenhague pendant plus d'une année. Il en est résulté des expériences dont voici les plus importantes:

Quand la couche de protoxyde de cuivre qui est sur les bosses est toute mince, la réduction peut avoir lieu sans que cette couche soit percée. Il se forme alors des cristaux de cuivre de la masse de chlorure cuivreux, sans qu'aucun changement se produise dans l'extérieur de l'objet. Si la couche à une épaisseur d'un millimètre ou plus, il faudra en détacher un peu, pour que l'air humide puisse pénétrer jusqu'à la masse de chlorure cuivreux. Mais il est ordinairement préférable de décaper assez l'objet pour qu'il puisse reprendre autant que possible sa forme originelle. Par ce décapage toutes les bosses sont percées. On a procédé au décapage avec le couteau représenté sous figure 17, et dont on ne sert que le tranchant court et arrondi du bout de la lame. Quant aux objets qui sont profondément transformés par la patine à verrues, on pourra, au besoin, les percer jusqu'à la couche de chlorure cuivreux avec de petites fraises rotatives du genre de celles employées par les dentistes.[1]

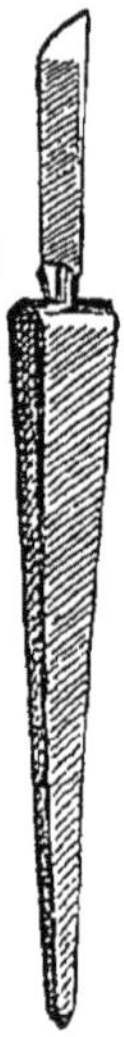

L'action électro-chimique portera sur toute l'étendue ininterrompue de la couche claire de chlorure cuivreux. Là, où le noyau métallique est entouré d'une couche épaisse, noir gris et brillante de chlorure cuivreux, entremêlée de petites parcelles de bronze, cette même action portera égalementment sur toute l'étendue de la couche. Le processus terminé, il reste un mélange de cristaux de cuivre, de petites parcelles

Fig. 17. 1/2. Couteau à percer les bosses

---

[1] Les bosses peuvent parfois se trouver à des endroits où il est difficile, pour ne pas dire impossible, de les percer, comme par exemple, à l'intérieur des statues creuses, où elles ne semblent d'ailleurs se rencontrer que rarement; mais, si l'on a soin de placer les statues comme elles doivent l'être, les bosses ne se verront pas. Et pour empêcher la désagrégation de ces bronzes, on pourra employer ici un procédé qui ne peut pas l'être sur les parties d'un objet destiné à être vu, c'est à dire, que pour les protéger contre l'influence de l'air humide on les enduira d'une couche épaisse de paraffine, après les avoir lavés préalablement dans de l'eau coulant lentement, et fait sécher ensuite. On pourra même remplir entièrement de paraffine les petites statues creuses et fragiles avec ou sans noyau.

de bronze et d'acide stannique entre l'épaisse croûte externe
de la patine et le noyau métallique. Là où la patine de protoxyde de cuivre couvre la surface grise attaquée du métal,
aucune réduction n'a lieu, mais elle est à peine nécessaire.
Si la couche de protoxyde de cuivre doit être enlevée pour
retrouver la surface originelle de l'objet, on devra procéder
à une réduction. Il n'est pas possible, sans démonstration
à l'appui, d'indiquer où et combien d'ouvertures dans la
couche de protoxyde de cuivre il faut faire dans chaque cas,
mieux vaut faire personnellement ses expériences.

Avec de la tournure d'étain

Suivant la forme et la dimension des objets, on emploie
l'étain ou l'aluminium pour réduire le chlorure cuivreux.
C'est ainsi qu'au Musée National, on a préparé l'étain sous
forme d'aiguilles longues de 3 à 4 millimètres, en fraisant
dans un bloc d'étain fondu à l'aide d'un moteur tournant
rapidement. On les met dans un récipient à couvercle en verre,
en porcelaine, en terre ou autres matières semblables, on les
mouille, puis on jette l'excès d'eau. On y place ensuite
les petits objets fragiles d'une forme plus compliquée, tels
que les fibules, les double boutons, etc., de façon à ce que la
tournure d'étain les entoure bien de tous les côtés. En général, la réduction sera terminée dans les vingt quatre heures,
mais il sera bon de retourner les objets une fois et de les
laisser un jour encore dans leur nouvelle position. Il faut
avoir soin que l'étain soit partout en contact avec les goutt-
tes de la solution cuivrique au fur et à mesure qu'elles se
forment. La même tournure peut servir plusieurs fois, il
suffit de la rincer chaque fois dans de l'eau.

Pour les objets plus grands, ou aussi de formes plus
simples, on pourra se servir d'un autre procédé.

Avec des feuilles d'aluminium

Après le traitement mécanique préparatoire, on enduit
l'objet avec une gélatine faite avec de l'agar-agar ou de la colle

de poisson additionnés de glycérine. On porte à une chaleur
de 100° C ce mélange qui est composé de 1 partie d'agar
du Japon, 80 parties d'eau et 6 parties de glycérine; on
l'étend ensuite sur l'objet avec un pinceau; lorsque la gélatine est prise, on entoure l'objet plusieurs fois de feuilles
d'aluminium[1] joignant étroitement, et on le garde sans autre.
Aux endroits où l'air peut arriver à la masse de chlorure
cuivreux, l'enfeuillage d'aluminium sera «rongé», des trous
s'y formant en même temps qu'un chlorure d'aluminium en
solution. Si l'action à certains endroits a été particulièrement
forte, il faudra appliquer de nouvelles feuilles d'aluminium
une ou même plusieurs fois encore. Si l'air du laboratoire
est très sec, on pourra placer l'objet dans la chambre
humide.

La figure 19 montre en chambre humide une épée entourée de feuilles d'aluminium. L'épée est placée sur une
plaque de zinc trouée dépassant la surface de l'eau. Afin
d'être protégée la pointe repose sur un petit morceau de
tuyau de caoutchouc épais coupé en long. Les taches noires
qui se voient sur la lame de l'épée sont les trous formés
dans les feuilles d'aluminium aux endroits où a eu lieu une
réduction du sel de cuivre. Dans ce cas-ci la poignée de
l'épée n'a pas eu besoin de traitement.

Au bout de deux à quatre jours la réduction sera ordinairement terminée. On mettra ensuite l'objet dans un récipient contenant de l'eau chaude qu'on maintiendra chaude
jusqu'à ce que la couche de gélatine soit fondue, après quoi
on pourra facilement enlever l'enfeuillage. Après avoir
brossé l'objet avec de l'eau chaude, on le lave dans de
l'eau chaude renouvelée à plusieurs reprises ou dans de l'eau
coulant lentement, afin d'éliminer le chlorure d'aluminium
y adhérant, après quoi l'objet est mis sécher à l'étuve, puis
on le brosse rapidement à l'aide d'une brosse rotative, et

---

[1] On trouve les feuilles d'aluminium à Copenhague chez M. M.
Boeggild et Jacobsen, Knabrostræde, 30.

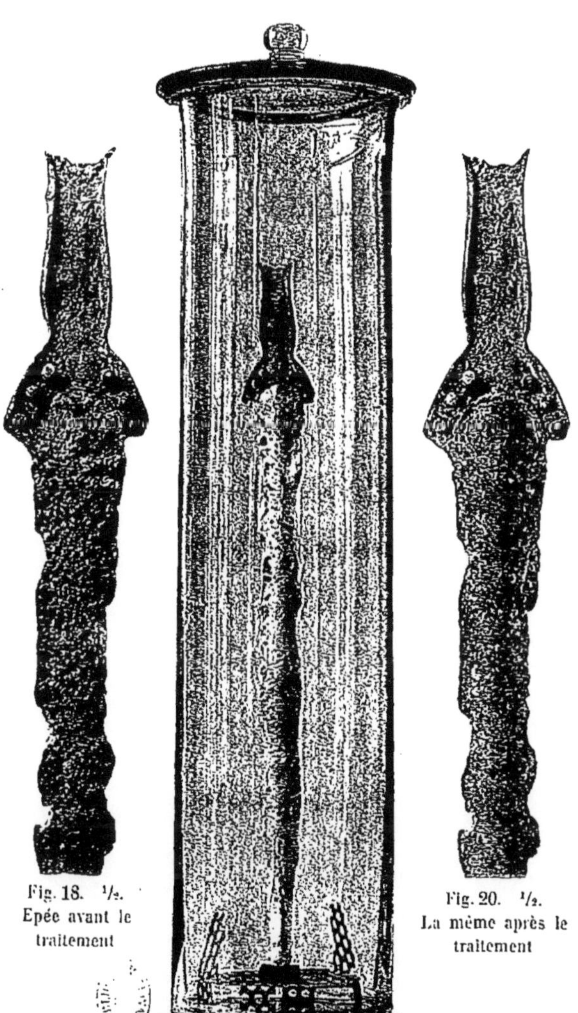

Fig. 18.   ½.
Epée avant le
traitement

Fig. 20.   ½.
La même après le
traitement

Fig. 19.   ¼.
La même en chambre humide
entourée de feuilles d'aluminium

on termine en l'enduisant avec du vernis de celluloïd. Si le traitement a été bien appliqué, l'objet n'aura pas changé, sauf les parties «malades» qui ont pris une couleur rouge due au cuivre et parfois aussi au protoxyde de cuivre. A l'air cependant, elles ne tarderont pas à brunir, comme tout autre cuivre, et elles seront peu visibles.

Les figures 18 et 20 montrent, avant et après le traitement, une partie de la même épée représentée par la figure 19. On peut voir que la lame est fortement attaquée par les bosses et les verrues; ses tranchants sont complètement transformés, ils ne sont plus métalliques et une partie s'en est détachée lorsque l'épée a été retirée de la terre. La poudre vert clair qu'on voit dans les cicatrices faisant l'effet de petites taches claires à la surface, démontre très clairement que l'épée, abandonnée à elle-même, serait devenue au cours des temps un squelette informé et sans valeur. Les plus grands amas de chlorure cuivreux se trouvent le long des tranchants transformés et, pour ce motif aussi les plus grosses taches noires sur l'enfeuillage. On pourra voir en comparant les figures représentant l'épée avant et après le traitement que tout ce qui était conservé de la surface originelle se retrouve après le traitement.

La combinaison chlorurée de l'étain, le chlorure stanneux, ne se laisse pas éliminer aussi facilement par un lavage que le chlorure d'aluminium, vu qu'avec grande quantité d'eau aérée il forme un chlorure basique qui peut se fixer sur la surface du bronze. C'est pourquoi on peut aussi recommander ici d'étendre sur les objets une couche de gélatine[1] avant de les placer dans de la tournure d'étain. La réduction en est toutefois tant soit peu entravée.

Quand une couche étendue de chlorure cuivreux couvre le noyau métallique, et que cette couche ne peut être ré-

---

[1] C'est M. Baggesgaard-Rasmussen, préparateur à l'Ecole de Pharmacie, qui m'a suggéré l'idée de couvrir les bronzes avec de la gélatine.

duite qu'au travers de petites ouvertures, la réduction a naturellement une durée beaucoup plus longue.

Contrairement à la tournure d'étain, la poudre de zinc
et celle d'aluminium employées pour les premiers essais,
deviennent une masse dure à l'air quand elles sont humides,
du fait que les grains de métal s'oxydent sur la surface.
Aussi ces poudres se prêtent-elles moins bien à cette opération.

Mais si l'on fait subir à la tournure ou à la poudre de
ces mêmes métaux une préparation qui les rende collantes,
on pourra les employer avec succès comme un «mortier»
qu'on étendra en couches minces sur les parties «malades».

Ce mortier s'emploiera de préférence pour le traitement
local des grands bronzes. On l'obtient en mélangeant 200
parties d'étain ou de zinc ou 150 parties d'aluminium avec
une partie de colle dissoute dans dix parties d'eau chaude
et quatre parties de glycérine. On maintiendra le mortier
légèrement humide pendant le traitement et, la réduction
terminée, on l'enlève, après quoi, on lave le bronze avec de
l'eau chaude.

Le traitement mécanique peut donc en général donner
aux bronzes recouverts d'une mauvaise patine un aspect
beaucoup plus beau, et le traitement électro-chimique qui
le suit aura pour effet de conserver ces antiquités pour la
postérité, sans les mettre en contact avec des substances
chimiques dangereuses. Et c'est ainsi qu'au lieu d'avoir
des objets paraissant abandonnés, et voués à une destruction certaine par la poudre verte qui les désagrège, il sera
possible, en appliquant aux bronzes attaqués le
traitement nécessaire avec les soins voulus, de
conserver des antiquités belles à voir et pouvant
se maintenir.